Verlag Podszun-Motorbücher GmbH
Elisabethstraße 23-25, D-59929 Brilon
Internet: www.podszun-verlag.de
Email: info@podszun-verlag.de

Herstellung Druckhaus Cramer, Greven

ISBN 978-3-86133-528-3

Titelfotos: Ernst Weber (großes Foto), Wolfgang Weinbach (kleines Foto)
Rückseite: Heinz-Herbert Cohrs

Jahrbuch 2010 Baumaschinen

PODSZUN

Liebe Leserin, lieber Leser!

Dies ist die zehnte Ausgabe des Jahrbuchs Baumaschinen. Wir freuen uns, Ihnen wieder eine interessante Auswahl von Themen rund um Ihr Hobby anbieten zu können. Dank gilt an dieser Stelle allen Autoren und Bildgebern, die in den letzten Wochen und Monaten mit Engagement und einer Menge Zeitaufwand gearbeitet haben, damit dieses Jahrbuch rechtzeitig zur Frankfurter Buchmesse erscheinen kann. Übrigens: Abbildungen, die nicht namentlich gekennzeichnet sind, wurden jeweils von den Verfassern der Artikel zur Verfügung gestellt.

Dank gilt auch Ihnen, liebe Leserin, lieber Leser, für die Zuschriften oder Telefonate, in denen Sie Kritik äußerten und Anregungen lieferten. Wir freuen uns auf den Kontakt mit Ihnen und sind gerne bereit, Ihre Wünsche zu berücksichtigen.

Wir wünschen Ihnen viel Vergnügen mit dem Jahrbuch und nicht vergessen: Das nächste Jahrbuch Baumaschinen, die Ausgabe 2011, ist ab Oktober 2010 erhältlich.

Ihr Redaktionsteam „Jahrbuch Baumaschinen"

Sie können das Jahrbuch in Buchhandlungen oder direkt beim Verlag abonnieren.
Von den Ausgaben 2002, 2003, 2004, 2005, 2006, 2007, 2008 und 2009 sind noch einige Restexemplare lieferbar. Fordern Sie kostenlos und völlig unverbindlich unser Gesamtverzeichnis an mit Büchern über Schwertransporte, Baumaschinen, Lastwagen, Autos, Motorräder, Traktoren, Lokomotiven und Feuerwehrfahrzeuge:
Verlag Podszun-Motorbücher GmbH
Elisabethstraße 23-25, D-59929 Brilon, Telefon 02961 / 53213, Fax 02961 / 2508
Email: info@podszun-verlag.de, Internet: www.podszun-verlag.de

Der Menck M 75 Nr. 35522

... und die Rettung der Hochlöffel-Ausrüstung

von Ernst Weber

Es war im Sommer 1999 als ich mit Leo Helmschrott eine kleine Tour in und um Augsburg machte. Die Faszination für Baumaschinen war schon lange da, und seit einiger Zeit interessierte ich mich besonders für die alten Seilbagger. In den Kiesgruben der Eifel hatte es eigentlich nur Weserhütte und O&K gegeben – wobei die meisten Maschinen zu dieser Zeit bereits entsorgt waren – und Menck&Hambrock war für mich bis zu jenem Sommer nur ein Name, wirklich gekannt hatte ich die Bagger nicht. Unwissentlich hatte ich bereits Jahre vorher Bilder von einigen seltenen Maschinen gemacht, sie aber damals nicht weiter beachtet. Auch im Einsatz hatte ich die Seilmaschinen nie erlebt, da die hydraulische Konkurrenz schon lange die Arbeit übernommen hatte. Was ich also kannte, waren Kreuzhebelschaltung, hydraulische Pumpen mit ihrem charakteristischen Gekreische und der Knopf zum Anlassen. All das sollte der geneigte Leser wissen, um zu verstehen, dass ich an jenem Sommertag eine komplett andere Welt kennen lernen sollte. Den Anfang machte ein M 152, der noch mit Pressluft gestartet werden musste. Wenn man die Prozedur einmal miterleben durfte, die nötig ist, bis man das satte Brummen des Schiffsdiesels hört, dann kann man das nur als gelebte Technik beschreiben. Der entscheidende Moment aber, der letztendlich dazu geführt hat, dass ich heute diese Geschichte aufschreibe, das war, als Leo die Hauptkupplung des Baggers einrückte und das gesamte Räderwerk – und damit der Bagger –

Der letzte Einsatz des M 75 beim U-Bahn-Bau in München, ein M 154 hat die Arbeit übernommen

Heute ein seltener Anblick, M 154 mit Greifer belädt einen Sattelzug

mit einem Schlag zum Leben erwachte. Leos gekonnter Umgang mit der berühmten Menck-Kleinhebelei, kuppeln und bremsen, der ungewohnte Anblick, wie ein mechanischer Greifer sich schließt – da war der Entschluss gefasst und die Vision klar: Sowas will ich auch können!

Es sollte noch bis ins Jahr 2005 dauern, bis der Wunsch nach einem eigenen Bagger Realität wurde. Natürlich konnte es nichts anderes als ein Menck werden. Zwar hätte fast ein Weserhütte W4 den Anfang gemacht, durch äußerst unglückliche Umstände wurde der jedoch entsorgt, bevor ich aktiv werden konnte.

Das größte Problem ist normalerweise, einen Stellplatz zu finden. Nicht jeder hat eine Maschinenhalle zuhause oder genug Platz im Garten, um einen –meist

Ein Menck auf Reisen, der Abtransport aus München

Die Ankunft in Waghäusl bei der IGHB

Die großen deutschen Baggerhersteller auf einem Bild: Krupp-Dolberg, O&K, Fuchs und Menck

Der erste Einsatz auf der historischen Baustelle 2005 in Huttenheim

Ein schöner Vergleich mit dem Weserhütte W 80

Historische Baustelle 2006, mittlerweile traut man sich, einen Magirus zu beladen

nicht kleinen – Bagger abzustellen. Mit der Gründung der IGHB (Interessengemeinschaft Historische Baumaschinen) war dieses Prolem aber plötzlich lösbar geworden. Auch wenn meine Anmeldung zunächst für erstaunte Nachfragen sorgte, weil man eher einen Internet-Scherz vermutete als eine reelle Mitgliedschaft, so wurde doch schnell klar, dass mittelfristig eine weitere – und keine kleine – Maschine zur IGHB kommen sollte.

Die Suche nach einem geeigneten Gerät stellte sich als recht schwierig heraus. Entweder war der Zustand zu schlecht, oder der Besitzer wollte sich nicht trennen, oder es scheiterte aus anderen Gründen. Kurz vor Weihnachten 2004 bekam ich durch einen Bekannten den Hinweis, dass in München ein betriebsfähiger Menck von der Baustelle weg abzugeben sei. Ich fuhr schnellstmöglich in den Süden und nach einem Tag des Kennenlernens und Verhandelns hatte ich meinen ersten Bagger: ein Menck M 75, Baujahr 1955, mit Gittermast und Greifer, wobei der Greifer nochmal gute 20 Jahre älter ist als der Bagger selbst. Ursprünglich gehörte er zu einem Menck Ma aus den dreißiger Jahren. Der Transport wurde organisiert und einige Wochen später rollte die bis dahin größte Maschine vor der Halle der IGHB in Waghäusl vom Tieflader.

Die Gesichter der Menschen kann man nicht beschreiben, wenn man erklärt, dass man gerade einen Bagger gekauft hat. Und dann auch noch so einen alten! Das muss man einfach erleben!

Zum ersten Vorführ-Einsatz kam das Gerät auf der historischen Baustelle 2005 in Huttenheim. Ohne die tatkräftige Unterstützung von Karl, einem erfahrenen Baggerfahrer, wäre vieles schwieriger geworden, als es letztendlich war, und so begann meine „Lehrzeit" auf dem Menck.

Nachdem das Adrenalin vom Baggern, Abschmieren, Seile wechseln und Tieflader be- und entladen ein wenig abgebaut war und der normale Alltag abseits des Baggers und der Kiesgrube sich wieder eingestellt hatte, fing ich an zu recherchieren, ob denn noch weitere Arbeitsausrüstungen für den M 75 existierten. Das Ergebnis dieser Suche war sehr ernüchternd: Nicht

Im Hintergrund: ein Menck M 60 mit Schleppschaufel. Die Geschichte dieses Baggers wird ein andermal erzählt

Zum Abschmieren wird der Ausleger gesenkt, der Fahrer hat Pause

Links: So lag der Hochlöffel (Nr. 31438, 1952) über 20 Jahre lang im Gras **Rechts: Die Farbe verblasst langsam**

nur, dass gerade mal ein Dutzend dieser Bagger überhaupt noch existierten, es schien auch nur eine letzte Tieflöffelausrüstung zu geben, und die war und ist in Sammlerhand. Ich war generell drei bis vier Jahre zu spät. Alles war bereits mangels Verwendung und Interesse entsorgt worden.

Durch Zufall erfuhr ich von einer – eigentlich baugleichen – Hochlöffelausrüstung für den Menck M 90, die nahe der Schweizer Grenze liegen sollte. Natürlich wurde sofort nachgefragt und der Chef bestätigte: „Ja, der Ausleger liegt noch da." Meine Freude wuchs ins Unendliche. Es gab also doch noch die Möglichkeit, einen funktionierenden Hochlöffelbagger in Betrieb zu nehmen. Bei nächster Gelegenheit machte ich mich auf den Weg, um das langersehnte Objekt der Begierde in Augenschein zu nehemen. Ich weiß nicht, ob es möglich ist, die nun folgende Enttäuschung in Worte zu fassen. Denn einige Tage zuvor war im Lager geräumt worden. Und aus unerfindlichen Gründen war ausgerechnet der M 90-Hochlöffel mit entsorgt worden. Er passte wohl gerade noch auf den Lkw, denn die danebenliegenden Hochlöffel für M 154 und M 260 waren noch da. Ich versuchte noch beim Schrotthändler nachzufragen, aber es war zwecklos. Der Hof war wegen der hohen Schrottpreise quasi leer. Deprimiert fuhr ich zurück, den Traum vom funktionierenden Hochlöffelbagger konnte ich dann wohl begraben.

In der Folgezeit überlegte ich schon, nach Rumänien oder Tschechien zu fahren und dort zu suchen, viele der Bagger wurden Ende der neunziger Jahre des zwanzigsten Jahrhunderts dorthin verkauft. Selbst einen Nachbau hatte ich schon in Erwägung gezogen.

Und wie so oft, gerade dann, wenn man schon nicht mehr glaubt, dass die Dinge so funktionieren, wie man es gerne hätte, brachte mich der Zufall auf eine neue heiße Spur. In der Nähe von Darmstadt sollte immer noch eine komplette Hochlöffelausrüstung bei einer Baufirma im Gras liegen. Das konnte ja eigentlich nicht sein, ich hielt es für eine der üblichen Legenden. Dennoch forschte ich nach, was war schon zu verlie-

Die Verladung ist Maßarbeit

Grundausleger und Löffelstiel passen gerade so auf den Lkw

Links: Kritische Blicke verraten die Gedanken: Ob der jemals wieder in den Einsatz kommt? Rechts: Die Bergungsmannschaft vom „Menck-Team Südeifel“: S. Kremin, M. Braun, D. Kretschmer, E. Weber

Ein Bild aus der aktiven Zeit: Abbrucharbeiten in Darmstadt mit einem M 75 der ersten Bauart. Der Bagger wurde zwischenzeitlich ebenfalls abtransportiert und steht im „Ersten Deutschen Baumaschinenmuseum“

ren? Und tatsächlich, es stellte sich heraus, dass bei der Firma Volk in Eschollbrücken ein M 75 der ersten Baureihe stand, und wirklich der dazugehörige original M 75-Hochlöffel noch vorhanden war, irgendwann Ende der Siebziger abgebaut, runderneuert und gestrichen, abgelegt und liegen gelassen. Ungenutzt und vom Gestrüpp überwuchert war er aber immernoch vorhanden. Es sollte trotzdem noch gute eineinhalb Jahre und viele Telefonate dauern, bis der Transport organisiert werden konnte. Aber schließlich war es soweit. Ein paar Freunde waren – zu meinem Glück – überzeugt, dass man mich nicht alleine lassen sollte. „Wer weiß, was er dann noch anstellt.“ Und so waren schnell Helfer für die Bergung gefunden. Der Löffel wurde in einer kurzfristig organisierten Aktion auf einen geliehenen Lkw geladen und zur IGHB gebracht. Auf die erste große Freude folgte schnell die Erkenntnis, dass ich weder die Zeit noch die Möglichkeit haben würde, eine Restaurierung zügig durchzuführen. Nach all den Mühen sollte es aber daran jetzt nicht mehr scheitern. Kurzerhand wurde die Ausrüstung also wieder verladen und nach Hamburg geschickt, dorthin, wo sie ursprünglich Anfang der fünfziger Jahre, genauer 1952, gebaut worden war. Im Atelier eines Spezialisten, der bereits Erfahrung mit ähnlichen Vorhaben hatte, stellte sich heraus, dass die Substanz noch so gut war,

Und wieder wird verladen, es hilft ein Fuchs 301 mit Hochkabine und hochgelegtem Ausleger

In Einzelteilen lassen sich die insgesamt etwa 4 t Gewicht leicht beherrschen

Nur noch die Ladung sichern und die Fahrt kann beginnen

Der Tieflader wird auf der Autobahn sicher Aufmerksamkeit erregt haben

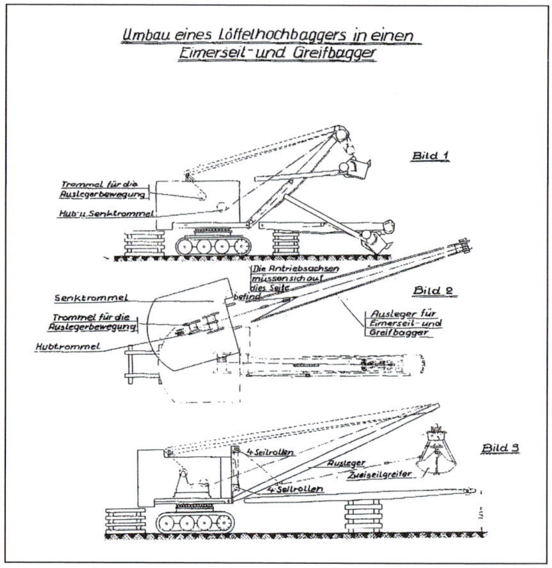

Theorie, Teil 1: So wechselt man bei einem Seilbagger den Ausleger. Man legt die Einrichtungen so zum Bagger, dass mit minimalen Fahrbewegungen alles erreicht werden kann. Der Oberwagen muss durch die Schwenkbremse blockiert sein, sonst würde beim Schwenken der Bagger „auf den Hintern" fallen. Ist sicher so manches mal tatsächlich passiert

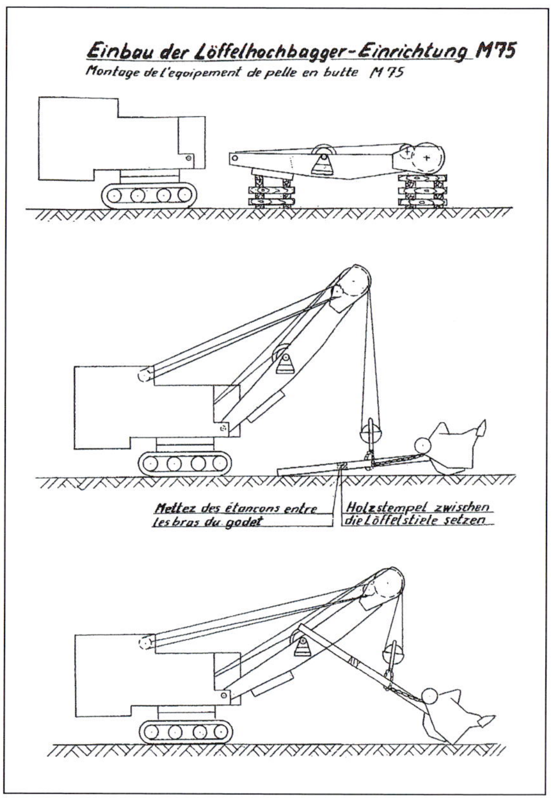

Theorie, Teil 2: Der An- und Zusammenbau eines Hochlöffels

Nach Jahren wieder am gleichen Ort: der Bagger und seine zwei Arbeitsausrüstungen

Noch ist der Gittermast dran, der Hochlöffel ist bereits betriebsfertig zusammengebaut

Der Auslegerfußbolzen ist raus, ein Stapler hält den Gittermast, der Bagger fährt zurück, Karl passt auf, dass sich nichts verkantet

Wie in der Betriebsanleitung angegeben liegen die Ausrüstungen im leichten Winkel zueinander. Der Bagger wird vorsichtig verfahren

Wegen zu starkem Regen wurde der endgültige Zusammenbau auf den nächsten Tag verschoben

Nach vielen Versuchen war der Bolzen endlich drin, der neue Ausleger war an seinem Platz

So sieht man einen Menck höchst selten, quasi nackt

Mit Staunen verfolgten die anwesenden Helfer die ersten Bewegungen des Hochlöffels. Für die meisten war es das erste Mal, dass sie so eine Maschine in Wirklichkeit sahen

In extremen Lagen zeigt sich, ob die Seillänge stimmt. Der M 90 im Hintergrund „spendete" Teile der Löffelklappenhebelei

Und wieder wird verladen, auf den modernsten Tieflader des Hauses

Links: Im Steinbruch angekommen   Rechts: M 75 auf dem Weg zur Wand. Im Hintergrund die Kollegen von O&K und Krupp-Dolberg

dass mit Fett und Farbe und einigen kleineren Reparaturen die Mechanik wieder gängig und funktionsfähig gemacht werden konnte. Die fehlende Hebelei zum Öffnen der Löffelklappe wurde gemäß Originalzeichnung nachgebaut, einige andere Teile konnten von einem M 90 verwendet werden, der zwischenzeitlich auch bei der IGHB gelandet war.

Der Anbau des quasi runderneuerten Auslegers rechtzeitig zur historischen Baustelle 2008 im Steinbruch Wössingen war wiederum ein Abenteuer für sich. Die Prozedur zum Auslegerwechsel war zwar theoretisch aus den alten Handbüchern bekannt, aber wann hatte das jemand zum letzten Mal gemacht…? Durch die Unterstützung von unserem alten Baggerfahrer Karl und einigen anderen Helfern, die trotz strömenden Regens keine Mühen scheuten, und mit erneuter Hilfe aus Hamburg war es nach etwa eineinhalb Tagen soweit: Der Ausleger war angebaut und bewegete sich zum ersten Mal. Die Feineinstellungen wurden direkt im Steinbruch vorgenommen. Das Ergebnis begeisterte Fahrer und Zuschauer gleichermaßen. Zum ersten Mal seit vielen Jahren war wieder ein mechanischer Hochlöffelbagger im Steinbruch im Einsatz und demonstrierte eindrucksvoll, welche Kraft solch eine Maschine entwickeln kann.

Das war der vorläufige Höhepunkt, seitdem der M 75 Ende 2004 sein offizielles Arbeitsleben hinter sich hat.

An dieser Stelle sei nochmals allen gedankt, die seither zu diesem Erfolg beigetragen haben.

Die Bilder sind in den Jahren von 2004 bis 2008 entstanden und wurden aufgenommen von Ernst Weber, Daniel Kretschmer und Stefan Bongartz.

Letzte Feineinstellungen an der Löffelklappenbremse, die sich anfangs nur schwer öffnen ließ

Stopfer werden auf unkonventionelle Art mit dem Jeep und einem Seil entfernt

Die Spuren der Baggerzähne in der Halde sind deutlich zu erkennen. Kraft hat das Gerät!

Nachdem endlich alles funktioniert, verhindert schlechtes Wetter ein Beladen des K10. Das wird die Herausforderung für den nächsten Einsatz

Grabenpflüge, -fräsen, -bagger

Für das schnelle Ziehen und Ausheben von Gräben gibt es sehr spezialisierte Baumaschinen

von Heinz-Herbert Cohrs

Wer anderen eine Grube gräbt, der zählt möglicherweise zu den am meisten vernachlässigten Baumaschinen der Welt. Sofern nämlich nicht wie im Grabenbau üblich ein Hydraulikbagger mit Greifer oder Tieflöffel gräbt, wird es eine kontinuierlich arbeitende Grabenfräse sein, vielleicht auch ein Grabenpflug oder gar einer der seltenen Grabenbagger. All diese Maschinen sind weitgehend unbekannt, was sich mit diesem Jahrbuch-Beitrag nun ändern soll.

Die Bauten, die mit Hilfe solcher Maschinen entstehen, sind zumeist wenig spektakulär und bleiben nach ihrer Fertigstellung unbeachtet. Knapp unter unseren Füßen schlägt jedoch in einem dicht verzweigten Adernetz der wahre Puls unserer Zivilisationsgesellschaft: Ver- und Entsorgungsleitungen aller Art, Strom, Gas, Wasser und Kommunikationskabel sind für uns alle unverzichtbar geworden.

Je mehr der Mensch sein überlebenswichtiges Aderwerk in den Untergrund verlegt, desto größere Bedeutung erlangen die dazu nötigen Maschinen. In vielen Bereichen, besonders im Kanal- und Leitungsbau mit seinen zahlreichen Querungen in Gestalt anderer Leitungen, bleiben Hydraulikbagger mit ihren besonderen, den Einsatzsituationen optimal anzupassenden Grabmöglichkeiten unentbehrlich.

In weniger dicht besiedelten Bereichen, beispielsweise entlang von Bundes- und Landstraßen oder bei der Erschließung von Wohn- und Gewerbegebieten, besonders aber in freier Landschaft, lahmt häufig der Graben- und Leitungsbau. Da an derartigen Graben-

Faszinierend, unbekannt, mächtig: Der Einsatz einer großen Grabenfräse ist ebenso selten wie beeindruckend, denn die Maschinen zählen zu den außergewöhnlichsten Baumaschinen der Welt. Unaufhaltsam schneidet die 1,2 m breite Fräskette dieser 91 t schweren und 525 PS starken Tesmec TRS 1475 einen 4,9 m tiefen Graben in massiven Fels. Die gewaltigen Aushubmassen werden kontinuierlich mit dem Förderband seitlich abgeschüttet

Beeindruckend und staubig geht's bei vielen Fräseneinsätzen zu. Bei dieser immerhin 80 t schweren Hollanddrain MSV1000 reicht der überlange Fräsbaum zum „Super-Tieffräsen" in bis zu 10 m Grabentiefe bei 36 cm Grabenbreite. Das Fahrerhaus in Maschinenmitte unter dem Fräsbaum und die beiden Arbeiter verdeutlichen die Größe der Grabenfräse

strecken kaum Querungen stören, wirkt der diskontinuierliche Aushub mit Mini-, Kompakt- oder herkömmlichen Hydraulikbaggern viel zu langsam.

Kontinuierliches Arbeiten bringt Tempo

Wer Leitungen und Rohre im Boden verlegen möchte, sollte die immensen Vorteile von Grabenfräsen, -baggern und -pflügen vor Augen haben: Solche Maschinen arbeiten kontinuierlich, also ohne unproduktive Phasen wie hin und her schwenkende Hydraulikbagger, die ihren Löffel bei jedem Arbeitsspiel erneut positionieren und ansetzen müssen.

Das Fräsen von Gräben oder vor allem das (fast) grabenlose Einpflügen von Leitungen kann etliche Vorteile bieten: Dort, wo sich ein Minibagger einen ganzen Tag mit einem schmalen Graben abmüht, wäre ein moderner Kabel-Vibrationspflug vielleicht schon nach zwei Stunden fertig. Und während sich beim Grabenpflug das nachfolgende Verfüllen und oft auch Verdichten erübrigt, muss der Aushub nach dem Baggereinsatz noch in den Graben geschüttet und verdichtet werden.

Grabenfräsen erreichen bis zu 180 m/min „Tempo", das sind fast 11 km/h Vortriebsgeschwindigkeit, also doppelte Schrittgeschwindigkeit. Solche Werte entsprechen zwar idealen Verhältnissen, dennoch kann hier kein Hydraulikbagger mithalten. Auch beim Anlegen von Gräben in durchschnittlichen Bodenarten sind 10 bis 30 m/min durchaus üblich, womit jeder Hydraulikbagger „überrundet" wird.

Mit dem Tempo von Grabenpflügen verhält es sich ähnlich. Beim Einpflügen von Kabeln, Leitungen und Drainageschläuchen ist Schrittgeschwindigkeit üblich, also 5 bis 6 km/h. Die Antriebe der meisten Grabenbaumaschinen verfügen über eine automatische Vorschubregelung, die sich bestens an die momentanen Einsatzbedingungen anpasst.

Ein weiterer großer Vorteile der speziellen Grabenbaumaschinen: Profil und Breite des Grabens können dem Verlegegut optimal angepasst werden. Die geraden, wie mit dem Messer geschnittenen Grabenwände bedingen weniger Aushub, weniger Rückverfüllung, weniger Verdichtung. Bei der Arbeit mit Hydraulikbaggern muss dagegen immer ein gewisser Mehraushub hingenommen werden – mitsamt „überflüssigem" Aushubmaterial, das ja anschließend auch wieder in den Graben zu verfüllen ist.

Die Vorteile von Grabenfräsen, -pflügen und -baggern sind demnach mannigfaltig:

- Das Ausheben der Gräben geschieht in Profilbreiten, die so klein wie möglich gehalten werden und dem Verlegegut entsprechen.
- Meist ergeben sich standfeste Grabenwandungen und sogar in lockeren Böden ist kaum ein Nachrutschen zu befürchten.
- Das direkte Einziehen oder -legen von Kabeln, Schläuchen und Rohren ist während des Pflügens oder Fräsens mittels einer Rohrlegevorrichtung sogar von großen starren Rohrteilen möglich.
- Bei Vibrations-Grabenpflügen fallen keinerlei Verfüllarbeiten an, meistens entfällt auch das nachträgliche Verdichten.
- Mit speziellen Förderband-Einrichtungen kann das sofortige Verfüllen in einem Arbeitsgang mit dem Ziehen des Grabens geschehen.
- Das von einer Grabenfräse fein zermahlene Aushubmaterial erleichtert das schnelle Rückverfüllen mittels Schnecke, und das ohne Beschädigungsgefahr des Verlegegutes durch größere Brocken.
- Schwerste Grabenfräsen arbeiten auch in harten Frostböden und im Felsgestein, wo Hydraulikbagger und Hydraulikhämmer versagen oder beim Felsaufbruch sehr viel überflüssiges Material auflockern und ausheben.

Die speziellen Grabenbaumaschinen sind demzufolge nicht allein durch das schnelle und kostengünstige Öffnen von Gräben wirtschaftlich, sondern vielmehr auch bei den Nacharbeiten, also beim Einbringen des Verlegegutes sowie beim Verfüllen und Verdichten.
Den Grabenfräsen, -pflügen und -baggern haftet ein Handicap an, wo der Hydraulikbagger die Nase vorn hat: Ihre eingeschränkte Arbeitstiefe führt in unregelmäßigem Gelände dann zu Schwierigkeiten, wenn ein gleichmäßiges Gefälle der Grabensohle gefordert wird. Dort jedoch, wo die Verlegetrasse in nahezu gleichbleibender Tiefe der Geländekontur folgt und nicht allzu viele Hindernisse den Bauablauf behindern, da sind die kontinuierlichen Aushub- und Verlegemethoden unschlagbar.

Vom Handgerät bis zum 1500-PS-Riesen

Obwohl der Bekanntheitsgrad der Grabenbaumaschinen eher dürftig ist, warten sie doch mit allerlei Besonderheiten auf. So wird kaum eine Maschinengattung zu finden sein, die mit einer dermaßen breit gefächerten Technik und Ausstattung aufwarten kann wie Grabenfräsen, -pflüge und -bagger. Der Maschinenreigen beginnt bei kleinen handgeführten Fräsen für 50 cm Grabentiefe, die gerade mal 200 kg wiegen und reicht bis zu gigantischen Felsfräsen mit über 200 t Gewicht und mehr als 1500 PS Antriebsleistung.

Solche Riesen fräsen oder baggern meterbreite und -tiefe Gräben oder auch ganze Kanalprofile in nur einem Durchgang und machen mit speziellen Fräsketten selbst vor massivem Fels nicht halt. Am anderen

Große Grabenfräsen sind wahre High-Tech-Maschinen: Fräskette, Meißelanordnung und exakte, verschleißfeste Führung verlangen ausgeklügelte Konstruktionen. Hinzu kommen wie bei dieser Mastenbroek-Felsfräse automatisierte Vorschub- und Tiefenregelung sowie GPS- oder Laserführung

Grabenfräsen und –bagger müssen unterschiedlichsten Einsatzbedingungen gewachsen sein. Eine Interdrain-Fräse gräbt mit einem vertikalen Fräsbaum im wasserdurchtränkten Strandsand einen Graben, der sich nach dem gleichzeitigen Einbringen und Verlegen der Leitung fast sofort wieder durch nachsackendes Material schließt

Ende der Größenskala ersetzen handgeführte Minifräsen bei schmalen Grabenprofilen Minibagger und mehrere Arbeiter.

Kleine und kleinste Trägergeräte für den wechselweisen Anbau von Vibrations-Grabenpflügen und Grabenfräsen übernehmen Grabenarbeiten mittleren Umfangs. Der Markt bietet sogar seitenversetzbare Kleinstfräsen, auch für den Anbau an die Schnellwechsler von Skid-Steer-Ladern, Baggern oder Radladern, mit denen entlang von Mauern, Straßen oder Zäunen gearbeitet werden kann.

Besonders ausgeklügelt ist eine Verlegemethode der französischen Firma Marais: Eine kompakte Raupenfräse, die einen nur wenige Zentimeter breiten Schlitz zugleich in Asphalt und Untergrund fräst, ist mit einem großen „Staubsauger"-Lkw gekoppelt, der den Aushub sofort absaugt. Die Leitung wird während des Fräsens verlegt. Dicht dahinter wird patentierter Spezialbeton randgenau in den Graben gefüllt. Bereits zwei Stunden später kann der Verkehr schon wieder über den (nun fast unsichtbaren) Graben rollen.

Wegen der großen Zahl unterschiedlicher Einflussfaktoren ist es sehr schwierig, konkrete Angaben über die Leistungen der Grabenbaumaschinen anzugeben. Die meisten Hersteller lassen sich nicht zu verallgemeinernden Zahlenwerten ein. Gravierend auf die Betriebskosten können sich beispielsweise die Kosten für Verschleißteile wie die Meißel der Fräskette auswirken, sofern in sehr abrasiven Böden gearbeitet wird.

Grabenloses Einbringen mit dem Pflug

Grabenpflüge stellen, wenn man vom minimalen Öffnungsspalt absehen möchte, Gräben eigentlich im sogenannten No-Dig-Verfahren her (im deutschen Fachjargon „grabenloser Vortrieb", das unterirdische Auffahren von Leitungen). Die Maschinen bringen während des Pflügens kontinuierlich Kabel oder Leitungen ein, die entweder auf einer großen Trommel mitgeführt werden oder parallel neben der Trasse zur Aufnahme und zum „Einfädeln" bereit liegen. Sogar flexible Schlauchleitungen oder Einzelrohre sind mit dem

Zugschwert, das sich unten am der Pflugschar befindet, einzupflügen. Manche Pflüge können mit entsprechenden Vorrichtungen und zusätzlich ansetzbaren Einziehmessern ganze Leitungen und Plastikrohre einbringen. In vielen Fällen kann das nachträgliche Schließen des schmalen Öffnungsspaltes, besonders bei lockerem Boden oder bei überdeckendem Bewuchs, unterbleiben, und es ist kein Verdichten erforderlich.

Beim Einsatz eines Vibrationspfluges entfallen daher alle Nebenarbeiten. Das Ausheben, Verfüllen und schichtweise Verdichten sowie das umständliche, langfristige Absichern von Grabenbaustellen gehört dank der ausgeklügelten Vibrationspflüge der Vergangenheit an.

Während bei Grabenfräsen die Fräskette als aktives Grabenbauwerkzeug fungiert, ist der Pflug, ob mit oder ohne hydraulisch erzeugter Vibration der Pflugschar, eine passive Komponente. Die Hauptarbeit leistet das Trägergerät, an das der Pflug montiert wird. Schon geringer Schlupf der Antriebsräder oder Raupenketten reduziert die übertragbaren Zugkräfte und bewirkt deutliche Leistungsverluste beim Pflügen.

Gegenüber Grabenfräsen warten statische oder vibrierende Grabenpflüge deshalb mit zwei Nachteilen auf: Zum Ziehen des Pfluges sind relativ hohe Vortriebskräfte nötig und in steinhaltigen oder sehr dichten Böden kann es Probleme geben. Die Rad- oder Raupenfahrwerke der Pflüge sind deshalb für hohe Zug-

Grabenfräsen schneiden sehr exakte, gerade Grabenwände ohne überflüssigen Mehraushub. Deshalb kann die Grabenbreite dem Durchmesser des Verlegegutes angepasst werden

Wo gehobelt wird, da fallen Späne – und wo Fels gefräst wird, da staubt's: Immerhin wird hartes Felsgestein durch die Meißel der Fräskette wie von einer Mühle in winzige Partikel zermahlen, was für reichliche Staubmengen sorgt. Der Arbeiter hinter der Mastenbroek-Fräse trägt sogar einen Atemschutz

Bei manchen Einsätzen könnte zu großes Staubaufkommen den Arbeitsfortschritt erheblich behindern, beispielsweise bei dieser Mastenbroek-Felsfräse in einem Tunnel in Japan. Deshalb wurde die Fräse mit übergroßen Leitungen und Pumpen zur Staubabsaugung ausgestattet

kräfte ausgelegt. Ein weiteres Handicap gegenüber dem „echten" No-Dig-Verfahren ist zudem die oberflächennahe Verlegung entsprechend der jeweiligen Geländeformation.

Besonderes Augenmerk verdient die Trassenführung beim Pflügen: Gegenüber dem Fräsen erfordert ein Pflugeinsatz eine freiere Trassenführung mit wenig Hindernissen. Eine Fräse kann leichter ihren Betrieb unterbrechen und wenige Zentimeter oder Meter weiter erneut ansetzen. Beim Pflug ist dies durch das unmittelbare Einbringen des Verlegeguts schwieriger. Er benötigt oft sogar eigens gebaggerte Startlöcher.

Der größte Vorteil der Pflüge gegenüber anderen Grabenbaumaschinen und -methoden ist dadurch gegeben, dass sie den Graben gar nicht erst öffnen und keinen Aushub entfernen, so dass jegliches Verfüllen und oft auch das Verdichten entfallen kann. Mit Zulassung dürfen Pflüge sämtliche Kabelarten direkt in den Boden einpflügen, ohne dass Beschädigungen oder Knickungen zu befürchten wären. Dank spezieller Verlegeausrüstungen können Pflüge auch Leitungen, Schläuche und Rohre in den Boden einbringen.

Anders als bei den Grabenfräsen gibt es bei Pflügen keine dermaßen breitgefächerte Größenskala, dafür ist aber zwischen Vibrationspflügen (meist kleinere Maschinen für den Kabel- und Leitungsbau) und nicht vibrierenden, statischen Pflügen (meist für Drainagearbeiten) zu unterscheiden.

Aufwendig ist die Technik moderner Vibrationspflüge, bei denen sich die Schwingungsfrequenz der jeweiligen Bodenart anpassen lässt. Dadurch können in vergleichbaren Böden meist höhere Vorschubgeschwindigkeiten als mit Fräsen erzielt werden. Durch die Vibration wird je nach Bodenart um etwa 40 bis 60 Prozent weniger Zugkraft benötigt als bei einem statischen Pflug.

Fräsen fressen sich in den Boden

Deutlich breitgefächerter als bei Grabenpflügen ist die Vielfalt bei Grabenfräsen. Sie reicht von kleinen, handgeführten Fräsen für 50 cm Grabentiefe bis hin zu 200-t-Riesen. Die Einsatzmöglichkeiten für solche Giganten sind bei uns rar und auch Baustellen für 60- bis 150-t-Maschinen sind nur höchst selten zu finden. Nicht einmal kleine und mittelgroße Grabenfräsen bis etwa 15 t Dienstgewicht sind in unseren Landen häufiger anzutreffen.

Kleine Fräsen können natürlich nur Gräben in leichteren Bodenklassen öffnen, beispielsweise für Hausanschlüsse, Blitzschutzanlagen, Versenkregner und Erdungsarbeiten. Größere und schwere Fräsen mit

Das Absaugen des Grabenaushubs ist auch für kürzeste Bauzeiten sinnvoll. Eine kleine Raupenfräse der französischen Firma Marais fräst mit einem dünnen Schneidrad einen schmalen Schlitz in Asphalt und Unterbau und ist mit einem „Staubsauger"-Sattelzug verbunden, der den Aushub stetig absaugt. Nach dem Einfüllen eines patentierten Spezialbetons kann der Verkehr nach nur zwei Stunden wieder fließen

Am anderen Ende der Größenskala gibt es kompakte, selbstfahrende Grabenfräsen. Diese 4,3 t wiegende Astec 560 fräst bis zu 1,8 m tief und verfügt serienmäßig über einen Tieflöffelbagger zum Ausheben von Anschlussgruben und über einen Front-Räumschild zum Verfüllen. Astec-Fräsen und Vibrationspflüge wurden früher von Case produziert

Handgeführte Grabenfräsen und –pflüge können, sofern erforderlich, für den Einsatz maßgeschneidert werden. Für das Arbeiten unmittelbar neben Gleisen und Autobahnen wurde dieser Kabel-Vibrationspflug von Marais extrem schmal gebaut. Um möglichst hohe Vortriebskräfte zu erzielen, fährt die Maschine auf vier lenkbaren, angetriebenen Raupenpaaren

Die kleinsten Grabenfräsen bieten nicht mal einen Fahrerstand und werden wie manche andere Minimaschinen handgeführt. Die dreirädrige Vermeer RT 200 ist äußerst kompakt gebaut, da der Fräsbaum mitsamt Fräskette links neben dem Vorderrad angeordnet ist

Anbaufräsen und -pflüge können beachtliche Dimensionen erreichen: Der 6,2 t wiegende Vibrations-Kabelpflug KV15 von Lancier Cable für 200 kN Zugkraft, hier an eine Liebherr-Planierraupe montiert, lässt sich seitlich um 1,2 m ausschwenken, um auch neben der Spur der Raupe arbeiten zu können. Die Trommelaufnahme trägt Leitungs- und Schlauchtrommeln von bis zu 3 m Durchmesser und 5 t Gewicht

Grabenfräsen und –pflüge gibt es auch als hydraulisch angetriebene Anbaugeräte, hier anstelle der Schaufel an den Schnellwechsler eines kleinen, handgeführten Gummiraupenladers Thomas 35DT montiert. Allerdings muss der Bediener rückwärts gehen bei nur eingeschränkter Sicht auf den Fräsbaum

Weit neben der Baggerspur kann eine Anbaufräse von Tesmec Gräben öffnen. Herkömmliche Grabenfräsen sind nicht in der Lage, neben Gleisen, Straßen, Leitplanken, Zäunen und Mauern zu arbeiten. Die größte Anbaufräse auf dem Markt, die sogar in steinigen Böden eingesetzt werden kann, wird durch ein großes, mitlaufendes Rad geführt, damit der Baggerausleger durch die Belastungen beim Fräsen nicht ins Schwingen gerät. Hier arbeitet die Fräse an einem 13,5 t wiegenden Gallmac 115 aus Italien

Für viele Projekte werden spezielle Grabenbaumaschinen entworfen, da der Markt keine wirtschaftlich einsetzbaren Serienmaschinen bietet. Die für den Pipeline-Bau im Meeresboden konstruierte Mastenbroek ist eine ferngesteuerte, selbstfahrende Unterwasser-Fräse, die fahrerlos arbeiten und von einem Versorgungsschiff aus bedient werden kann

Felsmeißeln und Fräsketten oder speziellen Felsschneidrädern ziehen dagegen sogar Gräben im soliden Gestein.

Ein grundlegender Einsatzparameter aller Fräsen ist die Lagerung des Aushubmaterials. Kleinere Fräsen schieben den Aushub mit Förderschnecken einfach zur Seite. Größere werfen den Aushub über ein oder zwei seitliche Förderbänder ein- oder beidseitig des Grabens ab. Bei einigen Maschinen können Förderbänder angebaut werden, um den Aushub auf vorweg fahrende Lkw zu laden. Dann nehmen Fräse und Lkw nur eine Fahrspur in Anspruch, ohne dass Aushub neben dem Graben liegt. In den meisten Fällen wird die einseitige Aushublagerung bevorzugt, weil die andere Grabenseite nun als ebene Arbeits- und Abstellfläche für Werkzeuge und Material zu nutzen ist. Außerdem ist das Verfüllen des Grabens meist einfacher.

Grabenfäsen hinterlassen oft ein ungewöhnlich sauberes Grabenprofil, zumal der Grabenboden mit einem am Fräsbaum angebrachten Profilmesser oder Sohlenräumschuh sauber geräumt und profilgerecht abgezogen werden kann. Das feinzermahlene Aushubmaterial erleichtert das schnelle Rückverfüllen des Grabens ohne Beschädigungsgefahr des Verlegegutes sowie auch das schnelle Verdichten.

Je nach Anwendungsart haben Grabenfräsen normale Fräsbäume, Spezialbäume für schwere Böden und mit großen Umlenkrollen versehene Fräsbäume gegen springende und schlagende Ketten. Es gibt Fräsketten in Standard- und Spezialausführung, hochfeste und rückschlagfreie Spezialketten, extra schmale Rollenfräsketten für Drainagearbeiten und Doppelketten (zwei Ketten parallel) zum Ziehen breiter Gräben. Werden an den Fräsbaum Böschungsmesser montiert, können Gräben mit 2,5 m oberer Profilbreite und mehr gefräst werden.

Die maximal fräsbare Grabenbreite hängt umgekehrt proportional von der Grabentiefe ab und natürlich von der Art der angesetzten Fräskette. So fräst beispielsweise eine kleine 700-kg-Fräse 30 cm breite Gräben 60 cm tief oder, auf der anderen Seite der Skala, nur 15 cm breite Gräben sogar 150 cm tief.

Durch hydraulisch stufenlos seitlich verschiebbare Fräsausleger und -bäume kann sowohl mittig als auch links oder rechts direkt hinter der Fahrspur gefräst werden, was bei Einsätzen auf engem Raum oder dicht an Wänden die Arbeit erleichtert. Der gesamte Oberwagen mancher Grabenfräsen ist hydraulisch seitlich zu neigen, damit auch an Hängen vertikal gefräst werden kann.

Bei Grabenfräsen und –baggern handelt es sich keineswegs nur um Maschinen der Neuzeit. Vielmehr haben kontinuierlich arbeitende Grabenbaumaschinen eine lange Tradition hinter sich. Ursprünglich wurden sie zum Ausheben von Schützengräben entwickelt. Interessant sind bei diesem LMG-Bagger aus der Zeit des Ersten Weltkrieges die raupenketten-ähnlichen Bodenplatten am hinteren Antriebsrad (später als „Prinzip Weiherhammer" bei einigen Dreiradwalzen bekannt)

Die LMG (Lübecker Maschinenbau-Gesellschaft) griff bei ihren frühen Grabenbaggern auf die reichhaltigen Erfahrungen beim Bau von Eimerkettenbaggern zurück. Insofern darf diese schon auf Raupen fahrende LMG-Maschine als ein seltener „Graben-Eimerkettenbagger" gelten. Für die damalige Zeit sehr komfortabel war das großzügig verglaste Fahrerhaus

Die schwersten Kaliber unter den Grabenfräsen mit Gewichten zwischen etwa 30 und massigen 200 t vollbringen erstaunliche Leistungen und ziehen metertiefe und -breite Gräben durch schieren Felsboden. Solche großen Fräsen werden mechanisch angetrieben, da ihre Fräsketten ein Drehmoment erfordern, das einfache Hydraulikantriebe nicht liefern können. Deshalb verwendet man in diesen Riesen Fräsantriebe mit einem Drehmomentwandler, der eine Steigerung des Antriebsdrehmomentes um den Faktor 2,3 gestattet. Bei Doppelfräsketten schließt sich hinter dem Wandler ein schweres Differential an, das nach beiden Seiten die Fräsketten antreibt.

Kanalprofilfräsen und -bagger schaffen in einem Arbeitsgang fertige Kanäle mit beliebigen Böschungsneigungen zwischen 1:1 oder 2:1 und unterschiedlichen, auch abgesetzten Wandformen. Bei Kanalsohlenbreiten von 1,5 bis 6 m sind auf diese Weise bis zu 3,8 m tiefe Kanalprofile herzustellen. Bei solchen Projekten sind Grabenfräsen und -bagger dank ihrer kontinuierlichen Aushubarbeit und dem hinterlassenen „glatten" und fertigen Kanalprofil allen anderen Aushubverfahrenn bezüglich Schnelligkeit bei weitem überlegen.

Grabenfräsen anders herum

Bei der täglichen Arbeit mit Felsfräsen können sich allerlei Probleme zeigen. Damit die Zähne der Fräskette in den Fels „beißen" können, sind beträchtliche Zug- und Auflastkräfte vonnöten. Oft sind die Kräfte nicht ausreichend, weshalb der Fräsbaum ins Schwingen gerät und die Zähne nur wenig effektiv am Fels entlang schrappen. Das bewirkt großen Verschleiß, hohe Betriebskosten und schädliche Vibrationen für die gesamte Maschine.

Das könnte sich ändern, denn Mastenbroek aus England entwickelte ein neuartiges Fräsenkonzept. Wichtigstes Merkmal der neuen Fels-Grabenfräse ist die neue Schnittmethode, die einerseits für verbesserte Fräsleistungen und andererseits für geringere Betriebskosten sorgen soll.

Normalerweise ist der Fräsbaum am Heck angeordnet, wird hydraulisch nach unten gedrückt und von der Maschine durch den Vortrieb der Raupenketten gezogen. Bei der patentrechtlich geschützten HRT-Methode (Hard Rock Trenching) von Mastenbroek wird der Fräsbaum hingegen zum Grabenboden gedrückt, um einen Unterschnitt herzustellen. Dann wird der

In den Vereinigten Staaten entstanden ebenfalls schon früh spezielle Grabenbaumaschinen wie 1952 dieser „Pipeline Ditcher“ von Buckeye. Der 31 t schwere und 110 PS leistende Grabenbagger konnte 2,59 m tiefe und, je nach Schaufelbestückung, 68 bis 127 cm breite Gräben ausheben. Die Drehschemellenkung erfolgte wie bei einem Lokomobil durch Spindeln und Kettenzüge

In Schweden beschäftigte sich Åkermans Verkstad AB (heute bei Volvo CE) schon früh mit Grabenbaggern. Der Åkerman 310 von 1955 brachte 8,2 t auf die Waage und wurde von einem 55 PS starken Traktormotor von Bolinder-Munktell angetrieben (später BM-Volvo). Der vorne angeordnete Kraftstofftank diente als praktisches Gegengewicht zum schweren Schaufelrad

Zum Ziehen von Gräben für die Wasserhaltung im Tagebau entwickelte die LMG einen großen Eimerketten-Grabenbagger mit zwei seitlichen Austragsbändern, die den Grabenaushub entweder nach links oder rechts oder beidseitig aufhäufen konnten

Oben: Besonders in den Vereinigten Staaten wurden wegen der riesigen Entfernungen, die beim Verlegen von Leitungen und Rohren aller Art zu bewältigen waren, schnell größere Grabenbagger konstruiert. Der Cleveland Trencher 320 von 1963 wurde von einem 135 PS starken Cat-Motor angetrieben und förderte den Aushub durch ein Förderband seitlich ab, das eigens an einem Seitenbaum gehalten wurde.
Rechts: „Dreimal schneller als ein Tieflöffelbagger arbeitet der Allen 16/60", teilte 1961 der englische Hersteller mit. Bis zu 4,3 m Grabentiefe und 46 bis 150 cm –breite waren möglich. Aus den tief schneidenden Eimerketten-Grabenbaggern entstanden über die Jahrzehnte die Grabenfräsen mit ihren langen, tief reichenden Fräsbäumen. Wesentliche Voraussetzung dafür waren neue, moderne Werkstoffe für leistungsfähige Fräsketten und verschleißfeste Fräsmeißel

Schön ersichtlich ist bei dem „Pipeliner" 318 von GarWood-Buckeye der Aufbau der Grabeinrichtung: Das durch Ketten angetriebene Schaufelrad wurde innen durch Leitrollen geführt; der Aushub oben von den Schaufeln auf das seitliche Austragsband geschüttet. Mittels Seilzug war die gesamte Konstruktion höhen- beziehungsweise tiefenverstellbar

In erster Linie für Drainageprojekte bekannt waren die großen Fräsen und statischen Pflüge des norddeutschen Herstellers Hoes (heute Dynapac). Der 9,3 m lange „Hoes-Titan" wog 26,5 t und wurde von einem 320 PS starken Deutz-Motor angetrieben. Das Fahrerhaus befand sich direkt neben dem Sichelschwert des Pfluges. Der Zugbaum für den Pflug war kugelig gelagert und für Kurvenfahrten gegenüber der Basismaschine um 8° zu jeder Seite schwenkbar

Verbreitet waren die Grabenbagger der amerikanischen Firma Barber-Greene. Die Höhenverstellung des Schaufelrades erfolgte beim „Model TA-65 Ditcher" bereits über zwei Hydraulikzylinder, an deren Kolbenende Seilrollen befestigt waren. Spärlich war jedoch der Komfort, wie der seitlich angeordnete Fahrersitz (in Maschinenmitte) veranschaulicht

Unten: Firmen wie Allen aus England wandelten die schwerfälligen Grabenbau-Ungetüme zu kompakten, leistungsfähigen Maschinen. Der „14-30 Trencher" besaß eine hydraulische Höhenverstellung der Eimerkette, die sich mit 2,85 m Tiefe bestens für die Verlegung von Gas- und Wasserleitungen oder Stromkabeln eignete

In den siebziger Jahren wurden Grabenfräsen und -vibrationspflüge für kleinere Projekte zunehmend kompakter. Dieser „Task Force 2000" von Davis konnte trotz kleiner Maße bis zu 2,3 m tiefe Gräben ziehen und mit dem Frontbagger bei Bedarf Gruben ausheben und schwierige Grabenabschnitte bearbeiten

Nicht nur die Entwicklung größter und schwerster Grabenbaumaschinen wurde in den USA vorangetrieben, sondern auch die der kleinsten: Die handgeführte, nur 635 kg schwere Grabenfräse Omsteel 180 von 1972 besaß neben dem Fräsbaum einen schwenkbaren Planierschild zum schnellen Rückverfüllen des Aushubs

Das Prinzip der allradgelenkten und -getriebenen „Ditch Witch"-Maschinen bewährte sich. Die 3,6 t wiegende und nur 2,1 m breite Grundmaschine RT115 ist sehr vielseitig ausrüstbar, beispielsweise mit Mittel- oder Seitenversatz-Fräsbaum, Vibrations-Grabenpflug samt Verlegeeinrichtungen, Fräse-Pflug-Kombination, Felssägen-Schneidrad, Tieflöffelbagger, Trommelträger und Front-Planierschild

Kompakter wurden die Maschinen – und vielseitiger. Die amerikanische Firma „The Charles Machine Works", bei uns bekannter unter dem Namen „Ditch Witch" (Graben-Hexe, die auch das Firmenlogo zeigt), präsentierte Anfang der achtziger Jahre die Baureihe „Combo" mit 1,7 t, 2,1 und 2,5 t schweren Radmaschinen, die wahlweise mit Fräskette und Vibrationspflug arbeiten konnten

Eine wichtige Rolle spielen sowohl bei Grabenfräsen als auch –pflügen die Verlegeeinrichtungen für Kabel, Schläuche oder Rohre, denn werden diese sofort beim Öffnen des Grabens mitverlegt, erspart dies einen weiteren Arbeitsgang. Eine Marais-Grabenfräse verlegt hier ein Wasserrohr, das bereit liegt und über die gesamte Maschine in den Graben geführt wird. Der Aushub wird kontinuierlich auf vorfahrende Lkw verladen

Mitunter sehen die Vorrichtungen zur Führung des Verlegegutes recht abenteuerlich aus. Je weniger biegsam und je starrer die Rohr- oder Schlauchleitungen sind, umso größer müssen die Radien sein, die das Verlegegut in den Graben führen. Bei dieser Mastenbroek-Fräse dienen dazu zwei hohe, hydraulisch neigbare Tragrahmen

Schnell soll es beim Verlegen zugehen, und stets in einem Arbeitsgang mit dem Öffnen des Grabens. Diese Inter-Drain 6050HT verfügt deshalb hinter dem Fräsbaum über einen eigenen „Bordkran", einen Lkw-Ladekran von IMT (Iowa Mold Tooling) und eine integrierte Rohrverlegeeinrichtung samt Führungsschacht. Wöchentlich werden so etwa 10 km Wasserrohre verlegt

Um das Verlegegut umgehend einsanden und den Graben bei Bedarf auch schnell wieder verfüllen zu können, ist bei vielen Grabenfräsen hinter dem Fräsbaum ein Verfülltrichter angeordnet. Bei dieser Mastenbroek-Grabenfräse wird der Trichter von einem Hitachi-Bagger befüllt

Auch das Rückverfüllen kann flott und kontinuierlich erfolgen, wie diese im Team arbeitende Grabenfräse und ein Spezial-Raupentransporter von Mastenbroek zeigen. Das Füllmaterial wird vom Raupentransporter seitlich zum Trichter hinter den Fräsbaum gefördert, wobei ein schräges Sieb sogar Überkorn (zu große Steinbrocken, die das Verlegegut beschädigen könnten) aussortiert und neben dem Graben herunterfallen lässt

Einen kompakten Anhänger zieht diese Marais-Grabenfräse, damit die frisch eingebauten Stromkabel mit besonders feinkörnigem Bettungssand schonend im Graben verlegt werden können. Der Anhänger verfügt über ein seitliches Austrags-Förderband

Interessante Perspektiven bieten sich dem Fahrer – oder auch nicht. Bei den meisten Maschinen, so auch bei dieser Mastenbroek-Felsfräse 60/35 ME, ist der Blick nach hinten auf Fräsbaum und Graben wichtiger als nach vorne – aber dorthin wird ja gefahren. Deshalb wurde die Kabine so breit gestaltet, dass der Fahrer auf beiden Seiten an der gewaltigen Motorhaube vorbeischauen kann

Andere Blicke bieten sich dem Fahrer der Trencor 960 HD, einer mittelschweren Grabenfräse. Der Fahrer sitzt quer zur Maschinenlängsachse und kann daher gleichermaßen nach vorn und hinten sehen – sofern er stets den Hals dreht. Die Kabine wurde besonders hoch angeordnet, damit der Fahrer einen optimalen Überblick hat

Ob Grabenfräse, -schneidrad, -pflug oder –bagger, wichtig ist die Vortriebskraft der Maschine. Hinzu kommen Geländetauglichkeit und Bodendruck. Deshalb verfügen die meisten Maschinen über zugstarke Raupenfahrwerke. Nur kleinere Maschinen wie die Vermeer RT1250, hier mit Frontbagger und Räumschild, bewegen sich auf Luftreifen

Damit Gräben auch dicht neben Leitplanken, Zäunen oder Straßenrändern gefräst werden können, verfügen manche Maschinen über außermittig angeordnete oder seitlich schwenkbare Fräsbäume. Die Kabine dieser Mastenbroek-Grabenfräse kann hydraulisch seitlich ausgeschwenkt werden, um dem Fahrer beste Sicht auf das Fräswerkzeug zu ermöglichen

Fräsbaum langsam hydraulisch angehoben, so dass der Schneidkopf das Gestein von unten her löst und sich zur Oberfläche hoch arbeitet. Die Maschine steht dabei auf Stützen und rückt erst nach dem Schnitt vor, damit der Fräsbaum erneut unten ansetzen kann.

Durch den Unterschnitt greifen die Zähne des Fräsbaumes an sehr viel kleinerer Fläche an als die eines herkömmlichen Fräsbaumes, was für hohe Schnittkräfte sorgt. Mit jedem Umlauf sollen die Zähne daher mehr Gestein abtragen als übliche Felsfräsen. Die Schnittkräfte sind um 125 Prozent höher als bei heckseitigen Fräsbäumen und -ketten, hat man bei Mastenbroek ermittelt.

Der HRT-Fräsbaum ist direkt unter der Maschine angeordnet, wobei der Schneidkopf nach vorne zeigt. Wird der Fräsbaum angehoben, zieht die Gegenkraft die gesamte Maschine nach unten und hält sie sicher. Der Verschleiß der Raupenketten und Fahrwerke zum Aufbringen hoher Zugkräfte gehört daher der Vergangenheit an. Auch das leichte Anheben der Maschine bei zu hohen Auflastkräften kann nicht mehr stören.

335 PS schlagen 750 PS

Die Mastenbroek-Fräse HRT 25 schneidet bis zu 2,5 m tiefe und 650 mm breite Gräben und benötigt dazu nur 335 PS Motorleistung. Auf einer Baustelle, wo eine große Felsfräse mit 750 PS Leistung in Gestein mit Härten von bis zu 138 MPa Gräben für Wasser- und Abwasserleitungen zieht, erzielte die HRT 25 höhere Fräsleistungen. Die Maschine wurde sogar erfolgreich in Gestein mit 228 MPa Härte eingetzt, wo normale Felsfräsen aufgeben und andere Methoden wie Hydraulikhämmer gewählt werden müssen.

Die kleinere Motorisierung und die neuartige Arbeitsweise lassen die HRT 25 mit geringerem Verschleiß und Kraftstoffverbrauch arbeiten, und das bei höheren Leistungen als sehr große konventionelle Felsfräsen. Die HRT 25 könnte bei zukünftigen Einsätzen den An- und Abtransport schwerster Felsfräsen erübrigen, ebenso das kostenintensive Arbeiten mit Hydraulikhämmern, Fräsköpfen oder Sprengstoff.

Recht selten sind mittelgroße Grabenbaumaschinen auf Radfahrwerken, zum Beispiel die kanadische ZBT 150, eine 12,7 t wiegende Grabenfräse, deren Chassis um 15° zu jeder Seite geneigt werden kann, um auch an Hängen vertikale Gräben ziehen zu können. Anbaubar sind Förderbänder und eine Winde, die die Maschine an Steilhängen bewegt und absichert

Grabenbagger

Praktisch ausgestorben sind in Mitteleuropa Grabenbagger. Dennoch, die Leistungen von Grabenbaggern mit ihren hochproduktiven Schaufelrädern bleiben in vielen Böden, sei es beim Graben-, Pipeline-, Bewässerungs- oder Kanalbau, unübertroffen. Nur wenige Hersteller führen noch moderne, leistungsfähige Grabenbagger im Programm, deren Hydraulik und Steuerungselektronik auch Laser- und GPS-kompatibel ist.

Zum Anlegen bis zu 2,3 m breiter und 3 m tiefer Gräben und Kanalprofile in einigermaßen homogenen Böden eignen sich die bis zu 100 t wiegenden Grabenbagger besser als jede andere Maschine. Große Grabenbagger erzielen stündliche Aushubleistungen von über 1000 m^3(fest).

Sogenannte Kanalbagger mit bis zu 750 PS Leistung heben in nur einem Arbeitsgang ganze Be- und Entwässerungskanäle mit vollständigem und geglättetem Profil aus. Die gewünschten Böschungsneigungen und Sohlenbreiten hängen dabei direkt von der einsatzspezifischen Schaufelradkonzeption ab. Bei Seitenneigungen von 1:1, 1,25:1, 1,5:1, 3:2 oder 2:1 und Kanaltiefen von 1,0 bis 2,1 m sind Kanalsohlenbreiten von 0,25 bis 1,5 m, mit Spezialvorrichtung sogar bis 4 m in einem Durchgang möglich.

Grabenquerschnitte von 2 m Tiefe und 1 m Breite werden bei beträchtlichen Vorschubgeschwindigkeiten von 6 bis 10 m/min ausgebaggert. Kleinere Grabenbagger erzielen sogar Vorschubgeschwindigkeiten bis etwa 30 m/min – damit lassen sich demnach theoretisch 1800 laufende Grabenmeter pro Stunde schaffen.

Ein vom Schaufelradantrieb unabhängiger Fahrantrieb gestattet besseres Arbeiten bei unterschiedlichen Grabenprofilen und -tiefen und entsprechend wechselnden Aushubmengen pro laufendem Meter. Die Mehrzahl der Grabenbagger wird hydrostatisch angetrieben, ebenso erfolgen meist sämtliche Antriebe für Schaufelrad und Abwurfförderbänder hydrostatisch.

Solche Antriebe mit automatischer Lastverteilung sorgen abhängig von den Grabbedingungen für ein optimales Verhältnis von Schaufelraddrehzahl und Grabkraft zur Vorschubgeschwindigkeit. Die Schaufelräder haben sogar einen Rückwärtsgang, um festgefahrene Schaufeln von Hindernissen loslösen zu können.

Wegen der relativ großen Schaufelraddurchmesser ist das Schaufelrad mit seiner Auslegerhalterung bei einigen Grabenbaggern beweglich mit dem Rahmen des Trägergerätes verbunden. Nur so können engere Graben- oder Kanalkurven ohne auftretende Biegekräfte und Rahmenverwindungen gezogen werden. Das verwindungsfreie Steuern über eine Art Knickgelenk zwischen Schaufelrad und Trägergerät ermöglicht beim Baggern von Kanälen Radien von nur 45 m. Eine flexible Verbindung verhindert zusätzlich Übertragungen von Schockbelastungen bei rauhen Grabbedingungen in steinhaltigen Böden.

Um bei wechselnden Grabbedingungen möglichst produktiv zu arbeiten, können bei Bedarf Schaufeln am Umfang des Rades zugefügt oder abgenommen werden. In klebrigen Böden wird eine Selbstreinigung der Schaufeln über zusätzlich montierbare, federbetätigte Kratzvorrichtungen vorgenommen, wobei die Schaufelkontur nach jeder Entleerung schnell und genau von Kratzblechen gesäubert wird. Bei manchen Grabenbaggern kann der gesamte Schaufelradträger hydraulisch zu beiden Seiten um bis zu 14° geneigt werden, um auch an Hängen das Baggern vertikaler Gräben zu ermöglichen, ohne zuvor waagerechte Arbeitswege entlang der Grabentrassen anlegen zu müssen.

Als radmobile Grabenfräse war in den siebziger Jahren auch der Hoes-Gigant 585 ausgelegt, eine Drainagemaschine für maximal 2,5 m Grabentiefe und 23 bis 45 cm Grabenbreite. Der 214 PS starke Deutz-Motor (dessen typische runde Einlassöffnung für die Luftkühlung vorne erkennbar ist) brachte die Fräse auf beachtliche 33 km/h Fahrtempo – unerreichbar für Raupenmaschinen

Ungeachtet der hohen erforderlichen Vortriebskräfte bewegen sich auch sogenannte Combo-Maschinen wie die Ditch Witch RT 150 gerne auf großen Luftreifen, hier mit schwerem Vibrationspflug, der unter der Maschine hindurch von einem straff gespannten Stahlseil gezogen wird. Insofern führt die RT 150 den Pflug nur, zieht ihn aber nicht

Selten sind Radfahrwerke, noch seltener in Verbindung mit einem großen, schmalen Schneidrad anstelle von Fräskette und Fräsbaum. Für problemlose Straßenfahrten ohne Beschädigungen des Asphalts rollt diese große Schneidrad-Fräse von Marais auf Luftreifen. Der Aushub wird mittels Bändern nach vorne auf Lkw gefördert

Schneidräder, meist mit vielen Zähnen bestückt und sehr schmal gestaltet, gehören zu den ungewöhnlichsten Grabenbauwerkzeugen. Mit ihnen lassen sich nur zentimeterbreite, aber sehr tiefe Gräben präzise in Asphalt, Gestein oder gar Fels schneiden. Ähnlich schmale Fräsbäume hätten keine ausreichende Stabilität und könnten nicht genau geführt werden

Nach einem Patent von Brevet Rivard fertigte die französische Firma Trouvay & Cauvin in den achtziger Jahren die 22 t schwere, 10 m lange Schneidrad-Fräse TR 200 C für bis zu 1,6 m Arbeitstiefe. Das Schneidrad wurde durch zwei Hydraulikmotoren direkt angetrieben, für den Antrieb sorgte ein 354-PS-Motor

Für den Kabelbau in felsigen Böden konstruierte Ditch Witch das Fels-Anbaurad H1542 für das Trägergerät RT 150. Das Anbau-Felsrad lässt sich über die volle Maschinenbreite seitlich versetzen, um auch randgenau arbeiten zu können. Je nach Segment-Besatz sind Fräsbreiten von 114 bis 290 mm bei größten Frästiefen von 1068 mm möglich. Beachtlich sind die vorderen Kontergewicht-Pakete über dem Stützschild zum Gewichtsausgleich

Zum Anbau an schwere Trägergeräte entwickelte Lancier den 6,2 t wiegenden Kabel-Vibrationspflug KV 15. In einem Arbeitsgang lassen sich bis zu acht Kabel samt Warnbändern und Schirmleitern einpflügen. Die Trommelaufnahme ist mit hydraulischer Hubvorrichtung für Kabeltrommeln bis 3 m Durchmesser und 5 t Gewicht vorgesehen

Die kanadische Firma RWF Bron fertigt neben anderen Maschinen Vibrationspflüge und konstruiert dazu passende Trägergeräte wie diese Bron 150, die den Anforderungen besser genügen sollen als Planierraupen. Die 13,6 t schwere und 200 PS starke Maschine trägt am Heck den Bron-Pflug V75-3 und vorne eine hydraulische Hubvorrichtung für bis zu 4,2 t Trommelgewicht

Für enge Kurvenradien besitzt der Flextrak 115 von Vermeer am Heck einen schwenkbaren, auch um 81 cm seitenversetzbaren, 3,12 m langen „Anhänge-Vibrationspflug“, der auf einem separaten Fahrwerk rollengeführt ist. Der dort angeordnete hydraulische Vibrationsantrieb rotiert mit 1650 U/min

Durch das meist langgestreckte Pflugschwert, das tief im festen Boden steckt, können Vibrationspflüge nur recht große Kurvenradien durchfahren. Um auch engere Radien bewältigen zu können, baute DPI Parsons die radmobile, knickgelenkte DP 180 mit schwenkbarem, mittig angeordnetem Pflug und brückenartigem Kabelträger am Heck

Viel technischen Aufwand birgt die Ditch Witch HT 150 mit dem Anbau-Vibrationspflug H 1530. Der Pflug ist seitlich ausschwenkbar für randgenaues Arbeiten; der Maschinenrahmen kann gegenüber dem Raupenfahrwerk durch Hydraulikzylinder (über den linken Raupen zu sehen) geneigt werden, um wie hier an Hängen vertikal zu pflügen

Im modernen, klaren Design erscheint der kanadische Bron 550P, mit 525 PS Antriebsleistung und 35,4 t Gewicht einer der größten selbstfahrenden Graben-Vibrationspflüge der Welt. Ein leistungsgeregelter hydrostatischer Antrieb gestattet maximale Pflugtiefen von 2,3 m, vornehmlich für Drainagearbeiten

Von der Firma Walter Föckersperger wurden der Verlegepflug und ein Winden-Zugfahrzeug voneinander getrennt, damit auf die Pflugschar höchste Vortriebskräfte wirken können. Der mittels Seilzug bewegte Pflug wird mit 70 t Windenkraft gezogen, weshalb sich der „Winden-Trac" mit einem robusten Stützschild fest gegen den Boden stemmt. Außergewöhnlich sind bei den je nach Ausführung 8 bis 15 t schweren Föckersperger-Verlegepflügen die vier allseitig verstellbaren Radträger. Damit kann auch an seitlichen Hängen vertikal gepflügt werden. Zudem werden so Bodenwellen ausgeglichen, um stets die geforderte Verlegetiefe einzuhalten. Die Pflüge haben einen 50 PS starken hydrostatischen Eigenantrieb, um ihren ersten Ansetzpunkt selbst zu erreichen. Das patentierte Konzept gestattet es, selbst beim parallelen Arbeiten an Hangböschungen bis zu 8 t schwere Kabeltrommeln zu führen

Schwerste Grabenpflüge für umfangreiche Drainageprojekte stammen von Steenbergen-Hollanddrain, hier die 36 t wiegende BSY-Super-X, hydrostatisch angetrieben von einem 400-PS-Motor. Die Maschine pflügt Drainageschläuche bis zu 2,1 m tief „grabenlos“ ein und trägt zwei große Schlauchvorräte auf den Seitengestellen. Bis zu 2300 m Vortrieb werden stündlich erreicht

Eines der wichtigsten Betätigungsfelder für Grabenfräsen sind Drainagen. Inter-Drain aus den Niederlanden baut neben Vibrationspflügen Drainage-Grabenfräsen mit 235 bis 525 PS Leistung, hier mit vertikalem Fräsbaum sowie ausgeklügelter Trichter- und Streuvorrichtung für das sofortige Einsanden mit dem geförderten Aushub

Die größte Drainagefräse von Steenbergen-Hollanddrain war die BSY-Super-S mit 45 t Einsatzgewicht und 520 PS Motorleistung. Bei tiefster Stellung des mächtigen Fräsbaumes konnte die Verlegevorrichtung für den Drainageschlauch in bis zu 4 m Tiefe gezogen werden. Typisch ist der extrem lange Motorvorbau als Kontergewicht für Fräsbaum und -ausleger

Fräsen im Stillstand: Wo konventionelle Grabenfräsen reichlich Vortriebskraft aufbringen müssen, stehen die Raupenketten der HRT-Fräse von Mastenbroek still. Der Fräsbaum befindet sich nicht hinter, sondern unter der Maschine, wird angehoben und von unten gegen das Erdreich gedrückt. Das zieht die Maschine auf den Boden und lässt sie fest und sicher stehen

Anders als bei herkömmlichen Grabenfräsen wird der Fräsbaum in einem Schacht in der Maschine geführt und ist, da ja von unten nach oben arbeitend, nicht mehr frei sichtbar. Zahn- und Kettenverschleiß sowie Kraftstoffverbrauch sollen deutlich geringer als bei üblichen Grabenfräsen sein

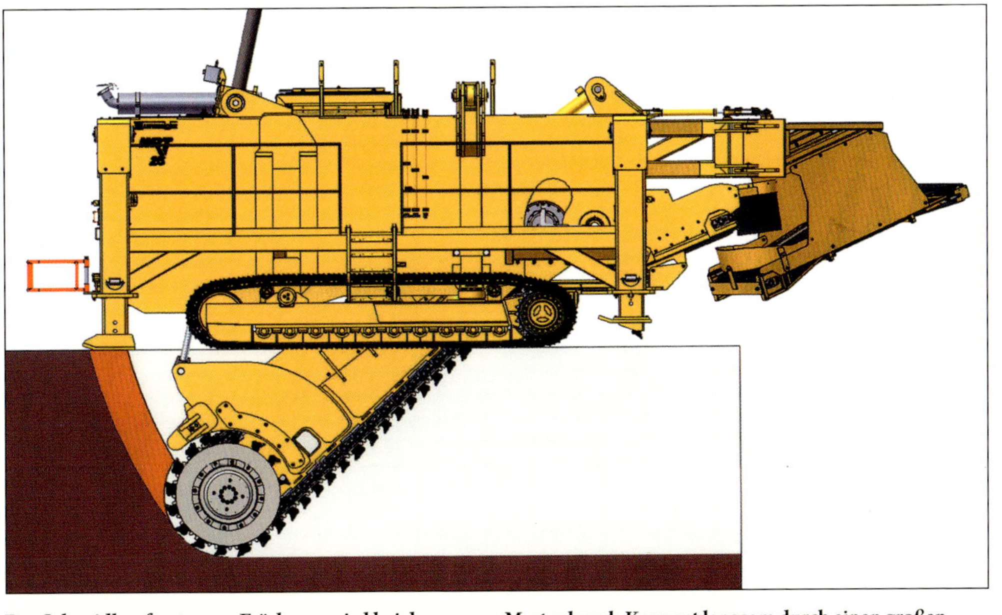

Der Schneidkopf unten am Fräsbaum wird bei dem neuen Mastenbroek-Konzept langsam durch einen großen Hydraulikzylinder nach oben bewegt und trägt das Material deshalb im Unterschnitt ab. Schneidkräfte müssen demnach weder durch Auflast noch durch langsames Fahren erzeugt werden

Ein gewaltiger Klotz ist die Trencor 1460 HD mit 72 bis 84 t Gewicht (je nach Ausstattung) und 600 PS Antriebsleistung, die über ein Allison-Lastschaltgetriebe mit Drehmomentwandler auf die Fräskette gebracht werden. Aufgrund der großen Beanspruchungen und der Zugkräfte ist die Fräseinrichtung an beiden Seiten der Raupenfahrwerke angelenkt

Erst in der Ansicht schräg von vorne wird deutlich, welch eine beeindruckende Maschine die 1460 HD ist, hier in der früheren Ausführung von Trencor Jetco. Das Fahrerhaus ist hydraulisch hochfahrbar, um einerseits bessere Übersicht zu gewähren und andererseits die Transporthöhe gering zu halten

Kaum kleiner als die Trencor 1460 HD wirkt die Vermeer T-1450, doch wiegt sie „nur“ 54 t, wird aber von einem 665 PS starken Detroit Diesel angetrieben. Mit waagerecht gestelltem Fräsbaum ist die Maschine 15,8 m lang. Maximal sind 4,27 m Frästiefe möglich

Eine der größten und stärksten je gebauten Grabenfräsen war die legendäre „Roc Saw“ (Fels-Säge), eine auf 65 t Gewicht und 1370 PS Gesamtleistung aufgerüstete Caterpillar-Planierraupe D9H. In der überlangen Motorhaube, die samt Inhalt zugleich als Kontergewicht fungierte, steckte ein vor dem ursprünglichen D9H-Motor eingebauter Cat-Turbodiesel mit 960 PS Leistung, vor dem zwei D9-Kühler nebeneinander angeordnet waren

Die Größe und Länge der Fräskette der „Roc Saw“ waren erst ersichtlich, wenn bis zu 4,9 m tiefe Gräben in schieren Fels geschnitten wurden. Die „Roc Saw“ wurde bei Steinhärten bis zu Mohs 7 sowohl in Afrika als auch in Alaska und Sibirien eingesetzt. Sogar deutsche Baufirmen nutzten die „Roc Saw“, beispielsweise für 280.000 m^3 Grabenaushub in Saudi-Arabien

Eigentlich nicht wie eine Fräskette, sondern eher wie eine gute, alte Eimerkette wirkt das Grabwerkzeug des gigantischen, 84 t wiegenden Capitol 910. Zum Ziehen eines 3,96 m tiefen, also mehr als doppelt mannshohen Grabens, förderte die 18,7 m lange und 400 PS starke Maschine hier 61.000 m³ Aushub

Deutlich seltener als Grabenfräsen gelangen Grabenbagger zum Einsatz, die weltweit nur von sehr wenigen Herstellern produziert werden. Dazu gehört Trencor, hier mit dem Modell 930 HD. Das Schaufelrad des 57 t wiegenden und 12,1 m langen Grabenbaggers wird von einem 325 PS leistenden Motor über einen Drehmomentwandler angetrieben

Als einer der größten Grabenbagger weltweit gilt der 68 t schwere Capitol 960. Sein Schaufelrad hat 4,34 m Durchmesser und baggert 2,74 m tiefe und bis zu 1,18 m breite Gräben. Der Aushub kann wahlweise links oder rechts mit Austragsbändern abgeworfen werden

Über eine interessante Bauweise des Schaufelrades verfügt dieser Kanalbagger des amerikanischen Herstellers G & Z (Gunthert & Zimmermann). An beiden Seiten des Rades sind starre Profilleisten mit Schneidzähnen angelenkt, die gemeinsam in die Zentralachse führen und so bei jeder Radumdrehung die Böschung schneiden

„Full Profile Canal Excavator“ – so wird der Trencor 800C bezeichnet, etwa mit „Vollprofil-Kanalbagger“ zu übersetzen. Und dies ist tatsächlich der wichtigste Vorteil der 43 t schweren und 503 PS starken Maschine: Kanäle können mit nur einem Durchgang profilgenau ausgehoben werden, was weitere Maschinendurchgänge und das Profilieren und Ziehen von Böschungen erübrigt

Kanalbagger wie der Trencor 800C lassen sich bei Bedarf auch mit langen, selbstfahrenden Bandbrücken kombinieren, mit denen der kontinuierlich geförderte Aushub weit entfernt vom Grabenrand zu Wällen oder Deichen aufgeschüttet werden kann

Als größter „Full Profile Canal Excavator" gilt der Trencor 1000C mit 63,5 t Gewicht und 750 PS Motorleistung; er kann in einem Durchgang bis zu 3,66 m tiefe und in der Sohle 3,94 m breite Kanalgräben ziehen. Seine Schaufelräder rollen unten auf Luftreifen, um ein Aufschwingen und -schaukeln der gesamten Maschine zu verhindern

Gleich drei der größten Grabenfräsen der Welt, der 205 t wiegende Trencor 1860HD, wurden für den Bau der durch Algerien und Marokko führenden Trans-Maghreb-Pipeline geliefert. Die Fräse ist mit einer Vierfach-Fräskette ausgerüstet, die über Lastschaltgetriebe und Drehmomentwandler angetrieben wird

Konstruktion und Einsatz von Kanalprofil-Grabenbaggern verlangen viel Know-how, das weltweit nur wenige Hersteller aufweisen können. Dazu zählt die amerikanische Firma Rahco mit dem Kanalbagger RW-320, dessen Schaufelradeinrichtung an beiden Seiten zum Profilieren der Böschungen über Förderschnecken mit Schneidwendeln verfügen. Damit wird der Aushub dem großen Schaufelrad zugeführt

Für den Antrieb der Fräskette der Trencor 1860HD sorgt ein 1500 PS starker Motor, ein weiterer 300-PS-Motor ist für den Raupenantrieb und für Nebenaggregate wie das Förderband vorhanden. Der Graben ist 2,5 m breit und 3,65 m tief; dies entspricht einer Fräsleistung von 9 m³ Aushub pro Meter Grabenlänge

Tagebaugeräte in England in den siebziger Jahren

von Rainer Oberdrevermann

In den Jahren 1974 und 1976 konnte ich anlässlich von zwei Rundreisen eine Anzahl von Steinkohlen- und Eisenerztagebauen in Großbritannien besichtigen, ebenso wie eher zufällig auch zwei „normale" Erdbaustellen. Über einige dieser Einsatzorte möchte ich berichten, und speziell auch über die dort eingesetzten größeren Erdbewegungsgeräte. Im Wesentlichen werde ich mich hierbei auf die Geräte zur Abraumbeseitigung beschränken. Anschließend folgen einigen Zahlen, anhand von denen ich Veränderungen im Maschineneinsatz in der Spanne von den siebziger bis hin zu den neunziger Jahren im Kohletagebau des Vereinigten Königreiches aufzeigen werde. Aus diesen Zahlen ergeben sich auch Informationen über die Art und Anzahl der dort in diesem Zeitraum im Tagebaubereich zum Einsatz gekommenen größeren Erdbewegungsgeräte. Den bei weitem größten Teil der erforderlichen Erdbewegungsarbeiten bewältigte in der Mitte der siebziger Jahre noch eine Vielzahl von Seilbaggern verschiedener Hersteller, entweder versehen mit Hochlöffelausrüstung oder aber mit Gittermastausleger und Schleppschaufel. Denn die Ära der großen tagebautauglichen Hydraulikbagger, die die Seilbagger etwas später dann binnen kurzer Zeit fast vollständig ablösen sollten, hatte eigentlich in den Jahren 1974 bis 1976 in England noch gar nicht richtig begonnen. Sie beschränkte sich auf nur wenige Exemplare der Typen RH 60 und RH 75 von O&K und des Poclain EC1000/1000CK sowie, wenn auch nur als Exot zu bezeichnen, den Koehring 1266D. Apropos Exot: Auch zwei oder drei der nur wenigen im Werk der ehemaligen Rheinstahl Union Brückenbau in Dortmund von

Seitenansicht des 1150-B Schreitbaggers im Tagebau „Ladyburn". Das Großgerät ist allerdings vorübergehend zur Untätigkeit verurteilt, da die Anlenkung des Kübel-Kippseils am Bügel gebrochen ist

Beim Schreiten heben die beiden seitlichen Schreitfüße, wie auf diesem Bild gut zu erkennen ist, die Grundplatte zunächst hinten an, so dass bei der anschließenden Rückwärtsbewegung sogar kleinere Hindernisse überwunden werden können. Hierbei rutscht die Platte auf ihrer vorderen Kante über den Erdboden

Ein Caterpillar 657 Scraper erhält beim Laden von Mutterboden Schubunterstützung durch eine D8 Raupe desselben Herstellers; aufgrund eines defekten Schleppkübels ist der Bucyrus-Erie Schreitbagger im Hintergrund nicht einsatzbereit

der Harnischfeger GmbH konstruierten und auch gebauten P&H 1200 Großhydraulikbagger waren vorübergehend in englischen Kohletagebauen anzutreffen, dies allerdings erst ab 1980. Die Bagger waren bei einem Gewicht von 160 t jeweils versehen mit einer 10 m^3 fassenden Ladeschaufel. Meine Absicht während der beiden Touren war es, möglichst viele Erdbewegungsgeräte im Einsatz zu beobachten und auch zu fotografieren. Auf die Idee, hierüber einen Bericht zu schreiben, kam ich erst etwa 35 Jahre später. Selbstverständlich hatte ich mich zur Vorbereitung der Reisen durch die Lektüre von Aufsätzen in Fachzeitschriften und anschließend durch Kontaktaufnahme mit dem damals noch existierenden National Coal Board sowie den für mich in diesem Zusammenhang interessanten englischen Firmen informiert und auf diesem Weg auch Genehmigungen für Befahrungen von Tagebaubetrieben eingeholt.

Kohletagebaue

Ladyburn

Im Norden von England, in Northumberland, liegt im Großraum Newcastle-on-Tyne eine zusammenhängende Kohleregion, in der sich auch mehrere größere Tagebaue befinden. Am Rand eines dieser Tagebaue stand zu meiner Überraschung ein mir beim Näherkommen wahrhaft riesig vorkommender Schreitbagger, der beim besten Willen nicht zu übersehen war, da er nahezu ebenerdig in nur relativ geringer Entfernung von der Straße stand. Er hatte die Aufgabe, den eine Kohlelagerstätte überlagernden Abraum zu entfernen. Ich hatte auch das Glück, die Dragline beim Schreiten beobachten zu können. Es handelte sich um eine von Bucyrus-Erie in den USA gebaute Dragline des Typs 1150-B. Das Gerät war ausgerüstet mit einem 21 m^3 fassenden Schürfkübel, die Auslegerlänge betrug 54,9 m und das Gewicht lag bei 1200 t. Es handelte sich übrigens um einen von insgesamt vier Schreitbaggern des gleichen Typs, die allesamt zwischen 1946 und 1948 für den Einsatz in US-Kohlegruben gebaut worden waren. Bei drei von diesen entsprachen das Fassungsvermögen des Kübels und die Auslegerlänge den oben genannten Werten, der vierte wies ein Kübelvolumen von 19,1 m^3 bei 61 m Auslegerlänge auf. In den Jahren 1954/55 wurden sie als die zu diesem Zeitpunkt bei weitem leistungsstärksten Geräte nach England verschifft, um dort beim geplanten Ausbau der Kohleförderung im Tagebau tatkräftige Unterstützung zu leisten. Vor diesem Zeitpunkt waren in Großbritannien, soweit es die Schreitbagger betrifft, lediglich einzelne und wesentlich kleinere Monighan Draglines zum Einsatz gekommen; diese waren sogar bereits in den dreißiger Jahren in den USA beim Deichbau an den Ufern des Mississippi eingesetzt worden. Die Firma Monighan hatte im Jahr 1913 das erste Schreitwerk für Bagger vorgestellt und wurde später von Bucyrus-Erie übernommen. Die 1150-B wurde 1991 verschrottet. In direkter Nachbarschaft musste sich ein großer Caterpillar 657 Scraper beim Schürfen der obersten Bodenschichten sichtbar abmühen, um seinen Kübel einigermaßen mit Erdreich zu füllen. Denn er erhielt nur recht unzureichende Schubunterstützung von einer einzelnen, für diese Aufgabe eindeutig zu kleinen Caterpillar D8 Raupe.

Acklington

Eine Scraperbaustelle in einer ganz anderen Größenordnung erlebte ich in diesem Tagebau, der sich im Juli 1974 noch im Stadium des Aufschlusses befand. Das oberste Kohleflöz war noch nicht erreicht, so dass sich alle Aktivitäten auf das Abtragen des die Kohle überlagernden Abraummaterials konzentrierten. In einem Bereich des sich bereits abzeichnenden Einschnitts war zu diesem Zweck eine große, neun Einheiten umfassende Flotte von Caterpillar 657 Scrapern im Einsatz. Und hier hatte ich zu meiner großen Freude das Glück, Zeuge eines bereits zur damaligen Zeit ausgesprochen selten zu beobachtenden, durchaus spektakulären Schauspiels zu werden: Denn die großen Scraper wurden während des Schürfvorgangs jeweils von drei Caterpillar D9G Raupen geschoben, so dass bei einer Motorleistung der beiden Scrapermotoren von zusammengenommen 950 PS und 385 PS pro „Push" Raupe die schiebende Kraft von nicht weniger als 2105 PS auf die Schneide des Schürfkübels wirkte. Das Leergewicht dieses Scrapers betrug 63 t, die Gesamtlänge 15,7 m und die Nutzlast lag in der 50 t Klasse. Wie ich erfahren konnte, lag der Grund für diese ungewöhnliche Einsatzweise darin, dass das üblicherweise auf dieser Baustelle praktizierte gleichzeitige Beladen von zwei Scrapern im Parallelbetrieb, die von jeweils zwei Schubraupen unterstützt wurden, gerade an diesem Tag nicht durchgeführt werden konnte. Denn eine der vier Raupen stand reparaturbedingt nicht zur Verfügung. Da das Schieben eines Schürfzuges durch lediglich eine D9G Raupe aufgrund des anstehenden Materials nicht wirtschaftlich durchzuführen war, blieb in Anbetracht der relativ kurzen

Gleich drei Caterpillar D9G Schubraupen leisten dem Caterpillar 657 Scraper Hilfestellung beim Schürfen von etwa 50 t Erdreich. Dank der PS-starken Unterstützung lassen sich schnelle Ladespiele erzielen

Ein Blick von der anderen Seite auf einen der Cat 657 Scraper, in diesem Fall ohne Fahrerkabine, und die drei Raupen mit ihren innengelagerten, gefederten Schubschilden, die von hinten schieben

Hinter den drei Schubraupen erkennt man drei Caterpillar 657 Scraper sowie einen Grader, der die Fahrtrasse für die Scraper unterhält. Auf einer weiteren Baustellenstraße befindet sich ein vollbeladener Cat 773 Muldenkipper auf dem Weg zur Kippe

Caterpillar 992 und Terex 72-81 Radlader beladen auf der ersten Sohle des Abraumbetriebs im Vorfeld der Scraper Seite an Seite Caterpillar 773 Muldenkipper. Eine D9G Raupe lockert das Erdreich und schiebt es den Ladern zu, um die für das Füllen der Schaufeln benötigte Zeit möglichst zu verkürzen

Der 72-81 Radlader hat aufgrund der ihm zur Verfügung stehenden Kipphöhe keine Schwierigkeiten, die Mulde des 773 Muldenkippers der ersten Generation zu beladen: dessen Fassungsvermögen wurde durch das Anbringen von seitlichen Blechen erhöht

Ein von Ruston-Bucyrus in England gebauter 150-RB Hochlöffelbagger hat seinen Löffel gefüllt und wird dessen Inhalt nach einem schnellen Schwenk durch Öffnen der Bodenklappe in die Mulde des Caterpillar 769B Muldenkippers rutschen lassen

Der Marion 182-M Bagger wurde mit einer höher gesetzten Fahrerkabine ausgerüstet, um dem Baggerführer eine bessere Sicht zu ermöglichen. In diesem Fall handelt es sich bei dem Transportfahrzeug um einen Unit Rig M-85 Muldenkipper

Transportstrecke nur die Möglichkeit, die Beladezeiten durch eben den gleichzeitigen Einsatz von drei Schubraupen möglichst zu reduzieren. Es war höchst eindrucksvoll, Zeuge dieser Aktion zu werden, bei der in der Tat speziell zu Beginn eines jeden Ladezyklus' eine gute Abstimmung zwischen den drei Raupenfahrern erforderlich war.

In einem anderen Bereich des Aufschlusses beluden zwei Radlader eine Flotte von zehn Caterpillar 773 Muldenkippern. Es handelte sich um einen in den siebziger Jahren sehr häufig auf entsprechend großen Baustellen zu beobachtenden Caterpillar 992 sowie um einen vergleichsweise wesentlich seltener anzutreffenden Terex 72-81. Letzterer war mit einer Motorleistung von 434 PS, einer Schaufelgröße von 6,9 m^3 und einem Einsatzgewicht von 52 t etwas kleiner als der 992. Die Ausschütthöhe betrug 3,9 m. Bei beiden Geräten handelte es sich um den jeweils größten Radlader aus dem entsprechenden Bauprogramm. Um den Ladevorgang zu beschleunigen, schob eine Caterpillar D9G Raupe den zwei Ladern ständig Material zu.

Sisters

In diesem, in unmittelbarer Nachbarschaft gelegenen Gewinnungsbetrieb befand sich eine beeindruckende Flotte von unterschiedlichen Großgeräten im Einsatz, um das anstehende Abraummaterial über und zwischen einer Vielzahl von Kohleflözen zu entfernen. Dieses musste in aller Regel vorgesprengt werden, um ein Verladen zu ermöglichen. Zunächst zu nennen sind zwei elektrisch angetriebene Ruston-Bucyrus 150-RB Hochlöffelbagger, die einen Caterpillar 773 Muldenkipper mit einer Nutzlast von 50 t beluden. Diese Bagger besaßen bei einem Einsatzgewicht vom um die 190 t beide einen Löffelinhalt von 4,6 m^3. Die gleichen Muldenkipper wurden auch von einem Caterpillar 992 Radlader beladen, wobei dieses recht große Gerät beim Beladen erwartungsgemäß bei einer Auskipphöhe von 4,3 m keinerlei Probleme mit der Seitenwandhöhe der Mulden hatte. Bei einer Motorleistung von 550 PS hatte es ein Gewicht von 58,5 t. Der Löffel eines Marion 182-M Seilbaggers besaß mit 7,65 m^3 den gleichen Inhalt wie die Schaufel des Radladers. Das 290 t schwere Gerät belud neben den 773 Mulden auch mehrere Lectra Haul M-85 Muldenkipper, die von Unit Rig in den USA gebaut worden waren und deren Hinterräder diesel-elektrisch angetrieben wurden. Die Typenbezeichnung deutete zwar auf eine Nutzlast von 85 short tons hin, die Fahrzeuge waren jedoch auf Kundenwunsch für eine Nutzlast von 100 short tons (91 t) ausgerüstet und vor ihrer Auslieferung auch entsprechend verstärkt worden. Der Betreiber, die Firma Derek Crouch, hatte zwischen 1970 und 1973 für den Einsatz in verschiedenen englischen Kohlegruben insgesamt 18 Einheiten dieses Typs beschafft. Es handelte sich um die ersten in Großbritannien überhaupt zum Einsatz gekommenen Muldenkipper mit dieselelektrischem Antrieb und gleichzeitig um die zur Zeit meines Besuches bei weitem größten. Der Abbau der dünnen Kohleflöze erfolgte mit Hilfe von Ruston-Bucyrus Hochlöffel-Seilbaggern der Typen 22-RB und 30-RB, die anstelle der Standardlöffel mit größeren, auf das geringere spezifische Gewicht der Kohle zugeschnittenen Kohlelöffeln ausgerüstet waren. Beladen wurden spezielle, mit Aluminiummulden versehene AEC Muldenkipper mit einer Nutzlast von 14 t sowie im Bedarfsfall auch straßentaugliche LKWs. Für das Umsetzen der Haupt-Abraummassen vorgesehen war der seinerzeit größte in Westeuropa im Einsatz befindliche Schreitbagger, ein Bucyrus-Erie 1550-W. Dieses Gerät, das es auf ein Betriebsgewicht von knapp 3000 t brachte, schwenkte am 82 m langen Ausleger einen 50 m^3 fassenden Kübel. Allein das Leergewicht des Grabgefäßes lag bei 65,7 t. Um dem Baggerführer eine jederzeit optimale Sicht auf den Arbeitsbereich zu ermöglichen, waren an beiden Seiten des Oberwagens identische Bedienungsstände angebaut. Bereits bei ihrer Inbetriebnahme war die Dragline auf den Namen „Big Geordie“ getauft worden, unter dem sie vermutlich bekannter als unter ihrer eigentlichen Typenbezeichnung geworden ist. Als „Geordie“ wird übrigens ein Einwohner aus der Gegend bezeichnet, in der sich der Tagebau befand. Das Großgerät war bereits 1969 als Neugerät für den damaligen Tagebau „Radar North“ in Dienst gestellt worden. Ab 1973 kam es in „Sisters“ zum Einsatz.

Butterwell

Ab dem Jahr 1977 schließlich war „Big Geordie“, um den Faden wieder aufzunehmen, im nahe gelegenen „Butterwell“ Tagebau als Hauptabraumbagger tätig. Bereits in der zweiten Hälfte der 60er Jahre war der Schreitbagger zielgerichtet auf die zu erwartenden spezifischen Anforderungen dieses großen Tagebaus mit einer insgesamt umzusetzenden Abraummenge von etwa 230 Millionen Kubikmeter hin konzipiert und entsprechend den Spezifikationen des Opencast Executive des National Coal Board bestellt worden. Nachdem der Tagebau 1991 ausgelaufen war, wartete

Der Marion 182-M im „Sisters“ Tagebau entleert den Inhalt seines Löffels in die Mulde eines Lectra Haul M-85 Muldenkippers der Firma Unit Rig; der Bagger wird über ein Schleppkabel mit elektrischem Strom versorgt

Der im Querschnitt dreieckige Ausleger des Bucyrus-Erie 1550-W besteht aus Rohren, in denen sich unter leichtem Überdruck ein Gas befindet; ein möglicher Druckabfall liefert Hinweise auf einen Riss am Ausleger; zwei Hubseile tragen den Kübel

Der 1550-W Schreitbagger während einer Arbeitspause, in der Wartungs- und Reparaturarbeiten durchgeführt werden; man beachte die beiden identisch ausgelegten und ausgerüsteten Führerhäuser, zwischen denen die Führungsrollen des Einziehwerks für die Schürfseile zu erkennen sind

Zwei Caterpillar 657 Doppelmotorscraper werden während des Schürvorgangs von jeweils zwei, speziell für diesen Zweck ausgerüsteten Cat D9G Schubraupen beim parallel erfolgenden Beladen unterstützt. Die Schubhilfe durch zwei Pushraupen ist bei einem derart großen Scraper notwendig, um konstant kurze Ladezeiten zu erzielen

Die Schubraupen sind beide neben den gefederten Schubschilden auch mit gefederten Schubblöcken ausgerüstet, so dass sie ihre Reihenfolge beliebig wechseln können. Ihre Breite über die Schubschilde entspricht der des von dem Scraper geschürften Grabens, in dem die Raupen fahren

der Bagger dann über einen Zeitraum von weit mehr als 15 Jahren mit abgelegtem Ausleger vergeblich auf einen weiteren Einsatz und musste schließlich verschrottet werden. Denn als Hauptabraumgerät für den auf „Butterwell" folgenden und gleich nebenan gelegenen Anschlusstagebau „Stobswood" war nicht der BE 1550-W vorgesehen, sondern ein noch etwas größerer P&H Schreitbagger, der zu diesem Zweck neu gebaut worden war. Es handelte sich um das Modell 757, getauft „Ace of Spades", mit einem Schaufelinhalt von 50 m^3 und einer Auslegerlänge von 94,5 m. Das Betriebsgewicht betrug 4100 t. Ab Februar 1992 war dieser Schreitbagger für die Dauer von zwölf Jahren bis zum Auslaufen des Tagebaus in „Stobswood" im Einsatz. Anschließend wurde er stillgesetzt, denn eine weitere Verwendung in der dortigen Gegend oder auch in einem anderen Tagebau in England hatte sich als nicht möglich erwiesen. Inzwischen konnte dieses Gerät glücklicherweise in die USA verkauft und in Einzelteile zerlegt wieder dorthin zurücktransportiert werden, woher es gekommen war. Dort wird es hoffentlich noch viele Jahre produktiv tätig sein. So blieb ihm letztlich das traurige Schicksal von „Big Geordie" erspart.

Im Sommer 1976 konnte ich auf dem Gelände des zukünftigen Tagebaus „Butterwell" eine größere Flotte von Caterpillar 657 Scrapern im Einsatz beobachten. Diese stellten im Rahmen des Aufschlusses einen ersten Einschnitt mit einem Volumen von etwa 3 Millionen m^3 her. Bei den Geräten handelte es sich mit hoher Wahrscheinlichkeit um diejenigen Scraper, die ich zwei Jahre zuvor in dem Tagebau „Acklington" gesehen hatte. Auf dieser Baustelle allerdings wurden sie fast schon schulmäßig parallel zueinander von zwei aus je zwei Cat D9G bestehenden Raupenpaaren während des Schürfens geschoben. Alle Abläufe waren (fast) perfekt aufeinander abgestimmt, so dass nennenswerte Wartezeiten der Schubraupen oder der Scraper kaum zu beobachten waren.

Nicht weit von der Schürfstelle entfernt waren im Jahr 1976 bereits die ersten beiden von O&K nach England gelieferten RH 75 Hydraulikbagger mit einem Inhalt ihrer Klappschaufeln von 7 m^3 beziehungsweise 6 m^3 im Einsatz. Sie beluden mehrere neue Terex R-50 Muldenkipper. Zum Herbst desselben Jahres hin gesellten sich noch vier neu gebaute, elektrisch angetriebene Marion 182-M Seilbagger mit einem Löffelinhalt von je 7,5 m^3 hinzu, ebenso wie einige der zum damaligen Zeitpunkt erst seit recht kurzer Zeit auf dem Markt befindlichen Caterpillar 777 Muldenkipper.

Diese sechs Bagger vereinigten zusammen eine Löffel- beziehungsweise Schaufelkapazität von 43 m^3 auf sich. Sie beluden 41 Muldenkipper, hauptsächlich der 50 t Klasse, mit zusammen 2260 t Nutzlast. In dem in seiner Größenordnung durchaus vergleichbarem „Stobswood" Tagebau setzte der Betreiber demgegenüber ab 1992 in der Anlaufphase mit zwei O&K RH 200 und einem O&K RH 120C 3 Hydraulikbagger mit zusammen 53 m^3 ein. Diese beluden ihrerseits aber eine Flotte von lediglich noch 13 Muldenkippern, welche allerdings eine zusammengenommene Nutzlast von 2210 t aufwiesen. Denn bei den Fahrzeugen handelte es sich ausschließlich um Cat 789s mit einer Nutzlast von jeweils 170 t. Besser lässt sich der Wandel in Typen und Größe von Erdbewegungsgeräten im Kohletagebau über einen doch relativ kurzen Zeitraum nicht verdeutlichen. Durch niedrigere Abraumkosten trug er auch entscheidend zu einer verbesserten Wirtschaftlichkeit der Kohlegewinnung im Tagebau insgesamt bei. In „Stobswood" wurden über einen Zeitraum von zwölf Jahren aus nicht weniger als 28 Flözen mit einer Dicke zwischen 0,13 m bis 1,29 m mehr als 12 Millionen Tonnen an hochwertiger Kohle gewonnen. Hierzu mussten insgesamt 250 Millionen Tonnen an Abraum bewegt werden.

Radcliffe

In diesem Tagebau war zum Zeitpunkt meines Besuches neben einem Schreitbagger des Typs Bucyrus-Erie 1150-B, wie wir ihn bereits weiter oben kennengelernt haben, auch eine größere Marion 7800 eingesetzt. Bei einem von seinem Volumen von 23 m^3 her zwar nur wenig vergrößertem Kübel betrug die Länge des Auslegers beachtliche 73 m. Entsprechend lag das Einsatzgewicht mit 1400 t höher. Bei einem Vergleich zwischen diesen beiden Geräten fallen bei dem Marion Bagger bereits auf den ersten Blick das Nichtvorhandensein eines A-Bocks zum Aufnehmen der Abspannseile des Auslegers sowie das von seiner Kinematik her vollständig anders konstruierte Schreitwerk auf. Zusammen mit einem ähnlich großen Schwestergerät gleichen Typs handelte es sich bei dem 7800 um den größten Abraumbagger, der in den 50er Jahren in England zum Einsatz kam. Einer der beiden Schreitbagger konnte in den 80er Jahren nach Canada verkauft werden, der andere wurde ebenso wie die 1150-B zu Beginn der neunziger Jahre verschrottet. Zwei Ruston-Bucyrus 150-RB Seilbagger beluden eine gemischte Flotte von Caterpillar 773 und 769B Muldenkippern, letztere mit einer Tragfähigkeit von 32 t.

Um beim Fahrzeugwechsel keine Verzögerungen auftreten zu lassen, belädt der RH 75 Hydraulikbagger wechselseitig die Terex R-50 Muldenkipper, von denen einer gerade in Richtung der Beladestelle zurücksetzt. Die ungewöhnlichen Vorbauten vor den Kühlern dieser Fahrzeuge dienen der Schalldämmung

Zwei der insgesamt vier für den Tagebau Butterwell vorgesehenen Marion 182-M Hochlöffelbagger, deren Inbetriebnahme noch für den Herbst 1986 vorgesehen war. Gemeinsam mit den beiden RH 75 Hydraulikbaggern sollten sie, im Stadium der Endmontage, den Aufschluss des Tagebaus in Angriff nehmen

Ein Marion 7800 Schreitbagger beim Umsetzen von Abraum in dem „Radcliffe" Tagebau, um ein Kohleflöz freizulegen. Ganz im Hintergrund ist der Ausleger eines weiteren Schreitbaggers zu erkennen

Gut zu erkennen ist das seilbetätigte Vorschubsystem des Ruston-Bucyrus 150-RB Löffelbaggers. Der Löffelstiel wird permanent geschmiert, um die Reibungsverluste in der Führung beim Ein- und Ausfahren des Löffelstiels möglichst gering zu halten

Glyn Glas South

In diesem relativ kleinen Tagebaubetrieb in Wales legten drei im Vergleich zu Schreitbaggern zwar als klein zu bezeichnende, für sich betrachtet aber dennoch beeindruckend große Schürfkübelbagger auf Raupen die sehr hochwertige Kohle frei. Ein von einem Dieselaggregat angetriebener 110-RB, ursprünglich als Hochlöffelbagger im Einsatz, war durch den Anbau eines Gittermastauslegers zu einer Dragline mit einer Auslegerlänge von 30,5 m und einem Gewicht von 162 t umgerüstet worden. Der Bagger verlud mit seinem 3,4 m^3 fassenden Kübel das nahe der Oberfläche anstehende Erdreich in Muldenkipper. An dem anderen Ende des freigelegten Kohlestreifens setzten zwei Lima 2400 Schleppschaufelbagger, ebenfalls mit Dieselantrieb, das dort wesentlich steinigere Abraummaterial um, indem sie es direkt auf Halde in den bereits ausgekohlten Teil des Tagebaus verstürzten. Ihr Betriebsgewicht betrug um die 200 t. Für das Verladen der Kohle in LKWs war ein 22-RB Hochlöffelbagger zuständig.

In den späten fünfziger, frühen sechziger Jahren standen mehr als 60 Lima 2400 Geräte in britischen Kohlegruben im Einsatz. Ausgelegt waren diese Seilbagger standardmäßig für den Betrieb als Hochlöffelbagger mit einem 4,6 m^3 fassenden Löffel beziehungsweise für den Einsatz als Dragline bei einer Auslegerlänge von 37 m mit einem 5,4 m^3 fassenden Kübel. Ab der zweiten Hälfte der siebziger Jahre reduzierte sich ihre Anzahl in den Tagebauen recht schnell, bedingt durch das Aufkommen der Hydraulikbagger. Dennoch waren in der Mitte der achtziger Jahre immer noch gut zwei Dutzend der Lima 2400 Bagger in Großbritannien vorhanden, hauptsächlich nun als Draglines eingesetzt. Einer der letzten der größeren Seilbagger auf Raupen in Großbritannien, und möglicherweise der letzte aus der Reihe der Lima 2400 Schleppkübelbagger, ist seit rund 15 Jahren in England bei der Tongewinnung im Einsatz. Beschafft worden war dieses Gerät viele Jahre zuvor als Abraumbagger von der Firma Shephard Hill, die auch den in diesem Abschnitt beschriebenen Tagebau betrieb. Ob es sich bei dieser Dragline vielleicht um einen der beiden Bagger handelt, die ich damals im Einsatz beobachten konnte?

Acrefair

Die Firma Northern Strip Mining, deren Geräte leicht an ihrer auffälligen gelben Farbgebung zu erkennen sind, schrieb Geschichte, als sie im Tagebau „Acrefair“ im September 1972 den ersten O&K RH 60 auf englischem Boden zum Einsatz brachte. Außerdem wurde mit diesem Gerät gleichzeitig der erste Großhydraulikbagger mit einem Gewicht von mehr als 100 t im englischen Kohletagebau überhaupt eingesetzt. Hiermit wurde die dann in einem letztendlich erstaunlich kurzen Zeitraum vollzogene Abkehr von den traditionellen seilbetriebenen Hochlöffelbaggern und Draglines eingeleitet, die den Markt beherrscht hatten. Die Einführung des Nachfolgemodells RH 75 im Jahr 1976 in „Butterwell“ verstärkte diesen Trend noch. Der RH 60 hielt mit den schnellen Arbeitsspielen seiner 6,1 m fassenden Klappschaufel bei einem Eigengewicht von 114 t mehrere Terex R-45 Muldenkipper auf Trab. Angetrieben wurde er von zwei luftgekühlten Deutz Motoren, die je 315 PS lieferten. Ein gutes halbes Jahr später wurde noch ein weiterer RH 60 in diesen Tagebau im Norden von Wales geliefert.

Diejenigen Tagebaubetreiber, die die betrieblichen Vorteile der Hydraulikbagger rechtzeitig erkannt hatten und im Hinblick auf Neubeschaffungen daher entsprechend flexibel reagieren konnten, waren gegenüber anderen Firmen im Vorteil: Denn diese besaßen beispielsweise noch einen größeren Bestand an Seilbaggern und mussten diese selbstverständlich auch einsetzen. Im Vergleich zu einem Hochlöffel-Seilbagger mit ähnlicher Löffelgröße bieten die Hydraulikbagger eine ungleich höhere Produktivität, erzielt durch schnellere Arbeitsspiele und einen wesentlich größeren Schaufelinhalt im Verhältnis zum Eigengewicht. Die Kinematik des Hydraulikbaggers erlaubt, anders als beim Seilbagger, eine Vielzahl unterschiedlicher Schaufelbewegungen und sogar einen horizontalen Vorschub der Schaufel. Hierdurch kann der Bagger beispielsweise auch gezielt in jeder Höhe in die Abbauwand hineinstechen und zusätzlich durch eine Drehbewegung der Schaufel um ihren Anlenkpunkt festsitzende Gesteinsschichten lösen. NSM setzte aufgrund dieser Vorzüge und der guten Erfahrungen im Verlauf der folgenden Jahre in verschiedenen Tagebauen in England und Wales noch etliche weitere O&K Großhydraulikbagger vom RH 75 bis hin zum Prototyp des riesigen RH 300 ein.

Donington Extension

Diesem Tagebau, in dem der RH 300 für die ersten drei Jahre seine Heimat fand, konnte ich im Sommer 1981 einen Besuch abstatten. Der Großbagger war dort im Januar 1980 in Betrieb genommen worden. Obwohl

Für diesen Einsatzfall, bei dem die Reichweite eine entscheidende Rolle spielt, wurde die Hochlöffelausrüstung dieses 110-RB Dieselbaggers durch einen Gittermastausleger mitsamt einer Dragline- Ausrüstung ersetzt. Ungewöhnlich wirkt die Einscherung des Hubseils

Eine Lima 2400 Dragline beim Aufnehmen von Abraummaterial. Tief unten in dem Graben verlädt ein vergleichsweise kleiner 22-RB Löffelbagger die freigelegte Kohle in einen LKW zwecks anschließendem Transport zur Verladestation

Gleich zwei Lima 2400 Schleppkübelbagger verstürzen in einem Kohletagebaubetrieb den felsigen Abraum auf Halde; beide werden von einem Dieselmotor angetrieben, da sich für einen relativ kleinen Tagebaubetrieb der Aufbau einer Stromversorgung für elektrisch angetriebene Großgeräte in den meisten Fällen nicht rechnet

Nachdem der von Orenstein & Koppel gebaute RH 60 Hydraulikbagger im Tagebau „Acrefair“ seine Klappschaufel geöffnet hat, fallen ungefähr 10 t an Erdreich in die Mulde eines Terex R-45 Kippers

Der RH 60 galt zum Zeitpunkt seiner Vorstellung im Frühjahr 1970 als der weltgrößte Hydraulikbagger, dies allerdings nur für einen sehr kurzen Zeitraum. Einer der bei NSM im Einsatz befindlichen Bagger dieses Typs wird gewartet und muss aus diesem Grund eine Zwangspause einlegen.

Der Bruch einer Hydraulikleitung am Baggerausleger mit dem hieraus zwangsläufig resultierenden „Ölregen" macht bis auf weiteres erst einmal den Weiterbetrieb des RH 300 unmöglich

Der O&K RH 300 Hydraulikbagger war bei seiner Vorstellung fast dreimal so groß wie der nächst größere Bagger seiner Gattung. Die Schaufelgröße des Baggers und der Muldeninhalt des dieselelektrisch angetriebenen Wabco 170C sind aufeinander abgestimmt, um ein wirtschaftliches Zusammenspiel zu erreichen

der RH 300 den eigentlichen Grund meines Besuches darstellte, konnte ich ihn bei dieser Gelegenheit leider nur sehr kurz im Einsatz beobachten. Denn nach Ende der Mittagspause, während der ich am Einsatzort des „gelben Riesen“ angekommen war, konnte besagter Großbagger lediglich ein einziges Arbeitsspiel störungsfrei absolvieren. Dann platzte plötzlich ein Hydraulikschlauch am Ausleger, der offensichtlich dem Betriebsdruck von 300 bar auf Dauer nicht hatte standhalten können. Dieses Ereignis beendete dann bis auf weiteres den Einsatz. Einer der drei Wabco 170C Muldenkipper musste sich zwangsläufig mit einer nur zu 2/3 gefüllten Mulde auf den Weg zur Kippe machen, dann hatte er erst einmal Pause, wie die anderen beiden auch. Denn keiner der weiteren Bagger in dem Tagebau war in der Lage, die Mulde mit einer Seitenhöhe von 5,1 m zu beladen. Im Augenblick des Platzens stand ich zum Glück in sicherer Fotografier-Entfernung, mein Begleiter von O&K musste demgegenüber, da er direkt neben dem Bagger stand, fluchtartig den Rückzug antreten. Denn es waren weit mehr als „ein paar Liter“ Öl, die bei dieser Gelegenheit in die Luft geblasen wurden. Dieser bei weitem größte Hydraulikbagger seiner Zeit wog 475 t und besaß eine Klappschaufel mit einem gehäuften Inhalt von 22 m^3. Für den Antrieb zuständig waren zwei Cummins Dieselmotoren mit einer kombinierten Leistung von 2352 PS. Leider sind insgesamt nur drei Exemplare dieses Baggers gebaut worden, von denen lediglich zwei überhaupt zum Einsatz kamen. Im Hinblick auf seine Größe war dieses Gerät in jedem Fall seiner Zeit weit voraus, vielleicht zu weit.

Die drei bereits erwähnten Wabco Muldenkipper mit einer Nutzlast von 154 t und einer Motorleistung von 1600 PS waren im Hinblick auf ihre außergewöhnliche Größe speziell für das optimale Zusammenspiel mit dem RH 300 beschafft worden. Ihre Breite über alles lag bei 7 m, und allein das Leergewicht betrug 97 t, wovon allein 5 t dem Dieselmotor zuzurechnen waren. Ein letzter Zahlenwert: Der Reifendurchmesser lag bei 3,2 m. Diese wenigen Angaben verdeutlichen, dass diese Fahrzeuge, wie natürlich auch der Bagger, bei weitem den Rahmen des bisher größenmäßig an Gewinnungs- und Transportgeräten üblichen im britischen Steinkohlenbergbau sprengten. Der 170C wurde über einen mit dem Motor verbundenen Generator angetrieben, der den Strom für die beiden in den Naben der Hinterräder platzierten Elektromotoren erzeugte. Um die Mitte der siebziger Jahre existierte übrigens noch kein mechanischer Antriebsstrang für Muldenkipper dieser Größe. Der Bagger war in der Lage, die

Aus dieser Position des Fotografen heraus kommt die Größe des Wabco 170C Muldenkippers, der aufgrund eines Schadens an dem RH 300 Hydraulikbagger vorübergehend „arbeitslos“ geworden ist, eindrucksvoll zur Geltung

Mulde eines dieser Fahrzeuge unter optimalen Bedingungen in drei, ansonsten in vier Arbeitspielen gehäuft zu füllen. Diese Transportfahrzeuge waren die einzigen größeren Wabco Muldenkipper, die in Großbritannien überhaupt in einem Kohletagebau zum Einsatz gekommen sind. Gleichzeitig handelte es sich bei diesen aber auch um die ersten Muldenkipper in der 170 short ton Klasse in diesem Land, einer Größenklasse, die in der zweiten Hälfte der siebziger Jahre in großen Tagebauen weltweit sehr verbreitet war. Erst Jahre später konnte Caterpillar im englischen Steinkohlenbergbau mit dem größenmäßig vergleichbaren, aber nun mechanisch angetriebenen 789 Muldenkipper ungleich größere Verkaufserfolge feiern.

Bereits auf dem Rückweg, entdeckte ich einen 71-RB Hochlöffelseilbagger, der bei einem Gewicht von um die 100 t noch als echter Universalbagger zu bezeichnen war. Sein Löffelinhalt betrug 3,2 m^3. Er belud Terex 33-09 Muldenkipper der 50 Tonnen Klasse.

Der Ruston-Bucyrus 71-RB Universalbagger war bereits in der Mitte der siebziger Jahre im englischen Kohletagebau selten anzutreffen, da er im Vergleich mit anderen dort eingesetzten Baggern zu klein war und daher trotz seines Gewichtes von etwa 100 t leistungsmäßig nicht mithalten konnte

Heutzutage würde man spontan an eine der zum Glück in den letzten Jahren an Zahl zunehmenden Veranstaltungen zum Thema „alte Baumaschinen“ denken – hier handelt es sich jedoch um eine auf einer Straßenbaustelle noch in regulärem Betrieb befindliche Dampfwalze; ob sie wohl heute noch existiert?

Der von Bucyrus-Erie gebaute 88-B Schleppkübelbagger nimmt das von dem Manitowoc 4600 angeschüttete Abraummaterial auf und setzt es ein zweites Mal um, um es in dem notwendigen Abstand von dem Gewinnungsgraben deponieren zu können

Blick aus dem Gewinnungsgraben des Tagebaus „Maesgwyn Cap“ himmelwärts auf den Ransomes & Rapier W1800 Schreitbagger. Es handelt sich um das erste Gerät dieses Typs, vier weitere sollten im Lauf der kommenden Jahre noch folgen

Ein im gleichen Tagebau an einer anderen Gewinnungsstelle anzutreffender BE 1150-B hat ein tiefliegendes Kohleflöz freigelegt; ein Bucyrus-Erie 40-R Sprengloch-Bohrgerät ist für das Erstellen der Löcher zuständig, in die, wie weiter links zu sehen, anschließend aus einem LKW der pulverförmige Sprengstoff abgefüllt wird

Ty-Cerrig

Auf dem Weg zu diesem Gewinnungsbetrieb passierte ich eine Straßenbaustelle, auf der eine Dampfwalze, Hersteller leider unbekannt, zum Verdichten der Schotterschicht eingesetzt war. Es war dies das erste und gleichzeitig überhaupt das einzige Mal, dass ich ein derartig „antikes" Gerät im realen Einsatz auf einer Baustelle fotografieren konnte.

In diesem recht kleinen Tagebaubetrieb waren eine Manitowoc 4600 Dragline sowie eine Bucyrus-Erie 88-B Dragline für das Umsetzen des Abraums zuständig. Als das größte Gerät der Universalbaggerbaureihe dieses Herstellers wog die 88-B etwa 145 t bei einer Auslegerlänge von 30 m und einem 3 m^3 Kübel. Die Manitowoc besaß ein Einsatzgewicht von 210 t und war mit einer Standard-Auslegerlänge von 36,6 m und einem 6,1 m^3 fassenden Kübel in etwa der gleichen Größenklasse zuzurechnen wie die Lima 2400. Besonders die 4600 und die bereits beschriebene 2400 waren in den sechziger und siebziger Jahren als die Standardgeräte für kleinere Kohletagebaue in England und Wales zu bezeichnen. Häufig kamen sie aber auch in Ergänzung zu leistungsstärkeren Baggern in größeren Tagebauen zum Einsatz. Verwendung fanden sie bevorzugt als Draglines, aber ebenso, insbesondere was die 2400 betrifft, auch als Hochlöffelbagger.

Maesgwyn Cap

In diesem Tagebau, der im Süden von Wales lag, wurde einschließlich mehrerer Erweiterungen von 1949 bis Ende 1988 Kohle gefördert. Mit dieser Zeitspanne war er einer der am längsten betriebenen Tagebaue in England. Das mit Abstand größte Gerät dort war der erste von Ransomes & Rapier gebaute W1800 Schreitbagger, der im März 1961 in Betrieb genommen wurde. In späteren Jahren wurden noch drei weitere Bagger dieses Typs gebaut. Der mächtig wirkende, 75,3 m lange Ausleger war in der Seitenansicht und im Querschnitt dreieckig gestaltet und stützte sich, typisch für die erste Generation der Rapier Schreitbagger, über Zugbänder am A-Bock ab. Als Arbeitsausrüstung besaß er einen 30,6 m^3 fassenden Kübel, der alleine 33 t im Leerzustand wog. Das Betriebsgewicht dieses Giganten betrug 1800 t. Weiterhin begegnete mir im Tagebau ein weiterer aus dem bereits mehrfach angesprochenen Quartett der BE 1150-B Schreitbagger aus den vierziger Jahren. Bei diesem handelte es sich um das einzige der erwähnten vier Geräte, das 1982 verkauft werden konnte und daraufhin zurück in die Vereinigten Staaten verfrachtet wurde, von wo aus es fast 30 Jahre zuvor die lange Reise nach England angetreten hatte.

Ein weiteres Großgerät war die Marion 195-M Dragline, abgeleitet von dem erfolgreichen 191-M Hochlöffelbagger. Die 195-M galt zum Zeitpunkt ihres erstmaligen Einsatzes in England im Jahr 1973 als die weltweit größte Dragline auf zwei Raupen. Standardmäßig war der Bagger mit einem 40 m langen Ausleger ausgerüstet mit der Möglichkeit, diesen bei Bedarf um weitere 10 m zu verlängern. Der Inhalt der Schleppschaufel lag bei 9,2 m^3, und das Betriebsgewicht betrug inklusive 91 t Ballast rund 550 t. Leistungsmäßig durchaus einem kleineren Schreitbagger vergleichbar, verstürzte dieses Gerät den aufgenommenen Abraum direkt in einen bereits ausgekohlten Bereich des Tagebaus. Weiterhin gab es im Tagebaubereich einen noch relativ neuen, in England bei Ruston-Bucyrus gebauten 195-B Hochlöffelbagger zu entdecken. Als Betriebsgewicht für diesen Bagger wurden mir 325 t genannt, als Löffelinhalt 9,2 m^3. Wesentlich ungewöhnlicher als dieser zu jener Zeit durchaus als Standardgerät im englischen Kohlebergbau zu bezeichnende Bagger war ein weiterer Hochlöffelbagger, ein P&H Harnischfeger 1900AL, der in der Nachbarschaft des 195-B im Sommer 1976 gerade letzte Tests vor seiner offiziellen Inbetriebnahme durchlief. Es handelte sich um das erste von insgesamt fünf Geräten des gleichen Typs, die in 1976/77 in unterschiedlichen englischen Kohletagebauen in Betrieb gingen. Das Betriebsgewicht betrug 365 t, der Löffelinhalt 8,4 m^3. **Bild 33 -38**

Llanilid

In diesem in der Nähe von Cardiff in Wales gelegenen Tagebau wurden 15 Kohleflöze, die zum Teil weit weniger als 1 m dick waren, bis zu einer Tiefe von ungefähr 160 m abgebaut. Etwa 200 Millionen t an Abraummaterial mussten über die Lebensdauer der Grube umgesetzt werden. Da die geologischen Gegebenheiten vor Ort gegen den Einsatz eines großen Schreitbaggers sprachen, griff man zu diesem Zweck auf Hochlöffel-Seilbagger zurück. Zum Transportieren des Abraums setzte die ausführende Firma Derek Crouch für den Aufschluss, den Betrieb und die abschließenden Rekultivierungsarbeiten elf der zu Anfang dieses Berichtes im Zusammenhang mit Kohleminen in Northumberland bereits beschriebenen Lectra Haul M-85 Muldenkipper ein, die für eine Nutzlast von 100 short tons ausgelegt waren. Angetrieben wurde jedes Fahrzeug von einem 990 PS leisten-

Seitenansicht der Marion 195-M Dragline; bei näherem Betrachten ist zwischen Raupenfahrwerk und Gegengewicht eine Person auszumachen, die einen Eindruck von der Größe des Baggers vermittelt

Der Oberwagen des Ruston-Bucyrus 195-B Hochlöffelbaggers ist vollständig in dunkelgrün, der Hausfarbe des Tagebaubetreibers lackiert; die Hinterachse des Terex Muldenkippers demonstriert ihre gelenkige Lagerung

Zum Zeitpunkt der Aufnahme noch in der Erprobungsphase befindet sich der erste von insgesamt fünf nach England gelieferten P&H Harnischfeger 1900AL Löffelbaggern. Er setzt gerade seinen Löffel an, um einen neuen Ladezyklus zu beginnen

Der Löffel eines 22-RB Seilbaggers wird etwas zweckentfremdet eingesetzt, um durch Anheben und Schieben einen im weichen Untergrund festgefahrenen, von demselben Bagger zuvor mit Kohle beladenen LKW aus seiner misslichen Lage zu befreien

Die untere Hälfte des zweigeteilten Auslegers eines 150-RB Löffelbaggers ist über Streben starr mit dem Bagger verbunden, während der obere Auslegerteil über Seile am A-Bock abgespannt ist

den Caterpillar Dieselmotor. An diesem war ein Generator angeflanscht, der den Strom zum Antrieb der Elektromotoren in jedem der beiden Hinterräder des Muldenkippers lieferte. Aufgrund der langen Förderwege fanden zusätzlich noch einige Caterpillar 773 und Terex R-50 Muldenkipper mit einer Nutzlast von 50 t Verwendung. Beladen wurden sie von drei Seilbaggern: einem Bucyrus-Erie 150-B mit einem 5,4 m^3 Löffel und einem Gewicht von 215 t, einem Marion 182-M mit einem Löffelinhalt von 7,6 m^3 und einem großen Marion 191-M. Letzterer wurde zwar standardmäßig mit einem 11,5 m^3 fassenden Löffel ausgerüstet, hier besaß er jedoch bei einem Betriebsgewicht von 363 t einen kleineren Löffel mit 10,7 m^3 Inhalt.

Coalfield Farm

Mit den Aufschlussarbeiten für diesen Tagebau war erst etwa sechs Monate vor meinem Besuch dort begonnen worden. Daher war das Entfernen der Abraumschicht in dem Bereich, wo man schon auf Kohle gestoßen war, noch in vollem Gang. Die eingesetzten mobilen Gewinnungsgeräte waren Caterpillar Radlader der Typen 992 und 988 (325 PS, Einsatzgewicht 33 t, Schaufelinhalt 4,6 m^3) sowie ein eher selten anzutreffender 983 Kettenlader (275 PS, Einsatzgewicht 32 t, Schaufelinhalt 3,8 m^3) desselben Herstellers. Alle drei Geräte arbeiteten nebeneinander an der Abbaufront. Den Abtransport des Materials übernahmen sechs Caterpillar 773 und fünf 769B Muldenkipper. Die zwei bis drei Meter starke Abraumschicht direkt oberhalb des Kohleflözes wurde durch einen Caterpillar 245 Hydraulikbagger mit Tieflöffelausrüstung entfernt, der ebenfalls die genannten Muldenkipper belud. Bei dem 245 handelte es sich um das größte von vier Modellen aus der ursprünglichen Hydraulikbaggerbaureihe von Caterpillar. An Stellen, wo das oberste von mehreren übereinander liegenden und demzufolge nacheinander abzubauenden Kohleflözen bereits freigelegt worden war, konnte die Kohle mit Hilfe von 22-RB und 30-RB Seilbaggern gewonnen werden. Sie wurde auf Straßen LKWs verladen. Ein Bucyrus-Erie 1260-W Schreitbagger mit einem Betriebsgewicht nach Fertigstellung von 1600 t, der später den bei weitem größten Anteil an der Abraumbewegung übernehmen würde, befand sich zum Zeitpunkt meines Besuches in einem fortgeschrittenen Stadium der Montage. Bei einer Auslegerlänge von 87 m war er konstruktiv dafür ausgelegt, einen Kübel mit einem Inhalt von 23,7 m^3 zu schwenken. Der Schreitbagger wurde übrigens nach einer Montagezeit von einem Jahr vor seiner Indienststellung in einer offiziellen Zeremonie auf den Namen „Little John“ getauft.

St. Aidans

An diesem Einsatzort konnte man 1976 zahlreiche interessante Erdbewegungsgeräte entdecken. Das bei weitem größte war seit seinem Aufbau dort im Jahr 1974 ein BE 1150-B. Dieser vierte aus der Reihe der BE Schreitbagger der ersten Stunde wurde wider Erwarten nicht verschrottet, sondern blieb, nachdem er 1992 nach dem Auslaufen des Tagebaus endgültig ausgedient hatte, der Nachwelt erfreulicherweise in voller Lebensgröße erhalten. Unter dem Namen „Odball“ ist er nun sicherlich bekannter geworden als jemals zu seinen aktiven Zeiten. Neben einer in diesem Tagebau ebenfalls eingesetzten Manitowoc 4600 Dragline war auch ein Lima 2400 im Abraum aktiv, allerdings nicht als Schleppschaufelbagger, sondern in der selteneren Variante als Hochlöffelbagger. Weiterhin zu beobachten waren ein 150-RB und ein O&K RH 60, beide ebenfalls als Hochlöffelbagger ausgerüstet. Der O&K war jedoch nicht der einzige Hydraulikbagger in dieser Grube. Denn gleich zwei jeweils knapp 150 t schwere Poclain EC1000, ausgerüstet mit einer 7 m^3 fassenden Kippschaufel, verluden auf der ersten Sohle Abraum in Terex R-45 Muldenkipper. Für den Antrieb sorgten gleich drei Dieselmotoren mit je 284 PS. Bald nach meinem Besuch nahm noch ein dritter EC1000, diesmal mit einer 8,3 m^3 fassenden Klappschaufel, in diesem Tagebau seine Arbeit auf. Dieser Umstand änderte jedoch nichts daran, dass diesem Großgerät kein großer Erfolg beschieden war. Denn lediglich sieben Exemplare des EC1000 wurden insgesamt gebaut, von denen nur die erwähnten drei Geräte nach England gelangten. Abgelöst wurde er durch den in wesentlichen Punkten verbesserten Poclain 1000CK, der seinerseits aber in englischen Kohlegruben auch nur in relativ bescheidenem Umfang zum Einsatz kamen, bis Poclain die Herstellung der größeren, für den Einsatz im Tagebau geeigneten Baggertypen vollständig einstellte.

Albert

Dieser Tagebau, nordöstlich von Liverpool gelegen, war der Einsatzort des ersten nach England gelieferten Poclain 1000CK Hydraulikbaggers. Seine Klappschaufel fasste 8,7 m^3, und er brachte 162 t auf die Waage. Angetrieben wurde er von zwei Dieselmotoren mit zu-

Der große Marion 191-M Löffelbagger im Tagebau „Llanilid“ verkippt Abraum in die Mulde eines Lectra Haul M-85 Muldenkippers. Der Löffelvorschub erfolgt mittels Zahnstangen, die durch einen separaten Elektromotor direkt angetrieben werden

Bereits in einem recht fortgeschrittenen Stadium des Zusammenbaus an der zukünftigen Einsatzstelle befindet sich ein Ruston-Bucyrus Schreitbagger des Typs 1260-W; zu erkennen sind außer dem Führerstand unter anderem die Bodenplatte und rechts einer der Exzenterantriebe für das Schreitwerk

Der Caterpillar 983 Kettenlader belädt einen 769B Muldenkipper desselben Herstellers mit Abraummaterial; man beachte das elegant nach oben geschwungene Dach der Fahrerkabine des Kettenladers, das auf diese Weise das Sichtfeld des Fahrers vergrößert

Im Tagebau „Coalfied Farm" belädt ein fabrikneuer Caterpillar 245 Tieflöffel-Hydraulikbagger einen ebenfalls noch fast neuen 773 Muldenkipper mit dem direkt über dem Kohleflöz liegenden Abraummaterial

Ein Überblick über den Tagebau: im Vordergrund wird Kohle verladen, die von dem Cat 245 Tieflöffelbagger im Mittelgrund freigelegt wurde. Ganz im Hintergrund wird die oberste Schicht Abraum durch die beiden Radlader und den Kettenlader entfernt

Der Poclain EC1000 Hydraulikbagger hat auf der obersten Sohle des Tagebaus „St. Aidans" seine Schaufel mit Abraummaterial gefüllt und wird seinen Oberwagen nun um etwa 180° in Richtung der Mulde des wartenden Terex Muldenkippers schwenken

Den Titel des weltgrößten Hydraulikbaggers hatte der EC1000 bei seiner Vorstellung im Jahr 1970 von dem O&K RH 60 übernommen; die Schaufel muss zum vollständigen Entleeren weit um ihren Anlenkpunkt am Ausleger gekippt werden

Ein Bucyrus-Erie 1150-B Schreitbagger oberhalb eines freizulegenden Kohleflözes in relativ beengter Position. Der Oberwagen ist auf der Bodenplatte frei schwenkbar gelagert; der Exzenterantrieb und die Schreitschuhe sind mit dem Oberwagen verbunden und drehen sich beim Schwenken mit

Dieser Lima 2400 Hochlöffelbagger mit Dieselantrieb wartet auf die Ankunft des nächsten von ihm zu beladenden Muldenkippers; weiter oben erkennt man die Konturen eines 150-RB Seilbaggers

Blick über den „St. Aidans“ Tagebau: Im Vordergrund sind ein O&K RH 60, ein Lima 2400 sowie ein 150-RB im Abraumbetrieb eingesetzt. Weiter hinten in einem anderen Tagebaufeld ragen die Ausleger der Manitowoc 2400 Dragline und des auf einer tieferen Sohle stehenden 1150-B Schreitbaggers in den Himmel

sammen 860 PS. Bei dem zweiten, ebenfalls recht ungewöhnlichen Gerät handelte es sich um einen Manitowoc 4600, aber zum ersten und wohl auch einzigen Mal in England nicht als Dragline, sondern als Hochlöffelbagger aufgerüstet. Der Löffelinhalt betrug 4,6 m^3. Leider besitze ich von beiden Geräten keine eigenen Fotos, da mir, zum Glück ein absoluter Einzelfall, während der Befahrung das Fotografieren nicht gestattet wurde.

Pengosto

Neben der Firma Derek Crouch in Northumberland und im „Llanilid" Tagebau in Wales (siehe jeweils weiter oben) setzte auch Fairclough Parkinson große diesel-elektrisch angetriebene Muldenkipper ein, um bei entsprechenden Bedingungen die Transportkosten für den Abraum möglichst niedrig zu halten. In diesem Tagebau handelte es sich sogar mit dem Typ Unit Rig Lectra Haul M-100 um einen „echten" 100 „short" Tonner, demzufolge mit einer Nutzlast von 91 metrischen Tonnen bei einer Motorleistung von 1000 PS. Die sieben Einheiten umfassende Flotte dieser Muldenkipper wurde noch ergänzt durch eine größere Anzahl von gerade einmal halb so großen Terex R-50 Kippern. Die Muldenkipper wurden von mehreren Seilbaggern beladen, und zwar von zwei Marion 191-M, einem 195-B und einem 150-RB. Die Kohle wurde von zwei Hy-Mac 1290 Hydraulikbaggern, die beide mit Ladeschaufeln ausgerüstet waren, auf Transportfahrzeuge verladen.

Park Slip

Auf diesen Tagebau war ich aufmerksam geworden, da in der Fachpresse von einem für Europa neuen, in den Vereinigten Staaten gebauten Koehring 1266D Hydraulikbagger zu lesen war, der dort eingesetzt werde. Es handelte sich um das größte Gerät aus dem Koehring Bauprogramm. Und es war beileibe kein kleiner Bagger – bezeichnet wurde er gegen Ende 1974 sogar als „der größte Hydraulikbagger der Welt, der serienmäßig gefertigt wird". Das Gerät im Tagebau war aus einsatztechnischen Gründen mit einem Tieflöffelausleger versehen und besaß ein Einsatzgewicht von beachtlichen 118 t. Die Löffelgröße lag bei 4,6 m^3. Angetrieben wurde der Bagger von zwei GM Dieselmotoren mit je 380 PS. Leistungsmäßig überzeugte der Bagger aber wohl nicht restlos, denn er blieb ein Einzelstück im britischen Kohletagebau und wurde nach einigen Jahren wieder verkauft. Ansonsten kamen in Park Slip, soweit es den Abraumbetrieb betrifft, uns inzwischen bereits gut bekannte Bagger zum Einsatz, nämlich ein 150-RB und ein 195-B, beide gebaut von Ruston-Bucyrus. Diese beluden eine Flotte von Terex R-50 Muldenkippern. Auch ein Poclain HC300 Hydraulikbagger gehörte zum Gerätebestand im Tagebau.

Eisenerzgruben
Gebiet um Corby

In diesem Bereich waren auf relativ engem Raum mehrere Tagebaubetriebe eingerichtet worden, die zu der British Steel Corporation gehörten und das gewonnene Eisenerz direkt an ein nahegelegenes Stahlwerk zur Verhüttung lieferten. Hierbei mussten die angelieferten Erze von den verschiedenen Standorten im Regelfall miteinander vermischt werden, um eine möglichst gleichbleibende Stahlqualität zu gewährleisten. Insgesamt fünf große Schreitbagger und ein übergroßer Löffelbagger waren an den sechs verschiedenen Gewinnungsstellen für das Freilegen des Erzgesteins zuständig. Dies vollzog sich, wie beim strip-mining beziehungsweise zu Deutsch Streifenabbau üblich, in Form eines sehr langen Gewinnungsgrabens, wobei das anfallende Deckgestein unter Ausnutzung der maximalen Reichweite des Abraumbaggers in den Streifen jenseits des freigelegten Eisenerzes verstürzt wurde, aus dem das Erzgestein bereits gewonnen worden war. Anschließend wurde das freigelegte Erzgestein von Hochlöffel-Seilbaggern gewonnen und zum Weitertransport in Eisenbahnwagen verladen. Die Schienen waren direkt in dem Gewinnungsgraben verlegt und wurden im Bedarfsfall seitlich verschoben. In dem „Great Oakley" Tagebau war für das Umsetzen des Abraums ein in England gebauter Ransomes & Rapier W1800 Schreitbagger im Einsatz. Er besaß einen Kübel mit einem Inhalt von 23 m^3, wobei die Auslegerlänge 86 m betrug. Das Betriebsgewicht lag bei 1830 t. In Betrieb war das Gerät dort seit dem Jahr 1963. Die Höhe der zu entfernenden Abraumschicht lag bei etwa 25 m. Das Verladen des Erzes erfolgte durch einen Ruston-Bucyrus Seilbagger des Typs 110-RB.

In dem „Glendon" Tagebau, in dem ähnliche geologische Verhältnisse vorlagen, war ein ungewöhnlich großer Hochlöffelbagger für das Umsetzen des Abraums zuständig. Aufgrund seiner Reichweite war er analog zu einer Dragline in der Lage, das Abraummaterial direkt zu verstürzen, und dies trotz der Tatsache, dass er einsatzbedingt tief in dem Gewinnungsgraben

Der erste Poclain 1000CK Hydraulikbagger, der nach England exportiert wurde, hat seine Kippschaufel gut gefüllt und wird sie gleich in die Mulde eines Terex R-50 Kippers entleeren. Im Hintergrund erkennt man den Ausleger eines Manitowoc 4600 Hochlöffelbaggers

Charakteristisch an dem im „Albert“ Tagebau anzutreffenden Manitowoc 4600 Löffelbagger ist der recht wuchtig dimensionierte A-Bock, der von der standardmäßig vorgesehenen Gittermastausrüstung in unveränderter Form übernommen wurde; der Löffelstiel wird per Seilvorschub hin- und herbewegt

Im Tagebau „Pengosto“ hat der 191-M Hochlöffelbagger gerade einen Terex R-50 Muldenkipper gehäuft beladen; es nähert sich ein Unit Rig M-85 Muldenkipper, der hinter dem Baggerausleger zu erkennen ist

Der Oberwagen des Ruston-Bucyrus 195-B Elektrobaggers im Tagebau „Park Slip" ist vor der Auslieferung nicht entsprechend dem Kundenwunsch individuell lackiert worden, sondern er trägt das über Jahrzehnte weltbekannte, standardmäßig ab Werk gelieferte Farbschema dieses Herstellers

Ein großer Koehring 1266 Hydraulikbagger, ausgerüstet mit Tieflöffelausrüstung, wechselt zum Zeitpunkt der Aufnahme gerade seinen Einsatzort innerhalb des Tagebaus

Oberhalb des 195-B Hochlöffelbaggers, aber im weiter hinten gelegenen Bereich des Tagebaus, sind neben Terex Muldenkippern ein Poclain HC300 in Tieflöffelversion und ein 150-RB Seilbagger zu erkennen

Ein Ransomes & Rapier W1800 Schreitbagger legt in einem Eisenerztagebau bei Corby das erzhaltige Gestein frei. Auf der Sohle des Grabens sind die Eisenbahnschienen für den Abtransport des Erzes per Eisenbahnwaggon zu erkennen

Ein 110-RB Löffelbagger bereits älteren Herstelldatums ist in diesem Tagebau für das Verladen des Eisenerzes in Eisenbahnwaggons zuständig. Das Erz musste durch vorheriges Sprengen aufgelockert werden und liegt nun ladebereit vor dem Löffel

auf dem freigelegten Erzgestein stehen musste. Dem gegenüber steht ein Schürfkübelbagger in aller Regel auf dem durch ihn zu gewinnenden Material. Im Amerikanischen wird ein derartiger Löffelbagger als Stripping Shovel bezeichnet. Es handelte sich um den einzigen modernen Bagger dieser Art, der im Vereinigten Königreich zum Einsatz gekommen ist. Die in den USA gebaute Marion 5323 wurde 1961 in Betrieb genommen, als letztes von neun Geräten dieses Typs, die über einen Zeitraum von 20 Jahren gebaut worden waren. Der Löffel fasste 13 m³, die größte Auskippweite betrug 44,2 m, die Höhe bis zur Umlenkrolle im Auslegerkopf lag bei 39,6 m, und das Dienstgewicht schließlich addierte sich auf stolze 1200 t, davon allein 340 t an Ballast. Eine Besonderheit dieses Baggers stellte der Kniehebelvorschub für den Löffel mit einem Gelenk als dem zentralen Bauteil dar, das die Verbindung zwischen den beiden per Seilantrieb über Ritzel und Zahnstangen bewegten Vorschubholmen, dem Löffelstiel und der Pendelstütze herstellte. Durch diese von Marion entwickelte Art des Vorschubs war es möglich, das Gewicht der Antriebseinheit für den Löffelvorschub vom Ausleger nach rückwärts bis in die Nähe der Drehachse des Oberwagens zurückzuverlegen. Infolge dessen konnte entweder ein größerer Löffel angebaut werden, oder aber das Schwenken ging schneller von statten. Während meines Besuches war der Bagger leider nicht in Betrieb. Dieser Umstand verschaffte mir aber andererseits die Möglichkeit, den 44,2 m langen Ausleger zu erklimmen, was während des Betriebes allein schon aus Sicherheitsgründen nicht möglich gewesen wäre. Die Vorgängerin der 5323 in diesem Tagebau war eine alte Ransomes & Rapier Stripping Shovel der Serie 5360, die noch, obwohl bereits seit vielen Jahren stillgelegt, in einem alten Grabenstück stand. Sie war in den dreißiger Jahren in England gebaut worden, und zwar in Lizenz von der US-Firma Marion auf Basis des seinerseits im Jahr 1922 erstmals gebauten Typs 350. Während seiner aktiven Zeit musste der Bagger sich noch auf Schienen anstelle von Raupenlaufwerken fortbewegen. Er besaß einen 6,9 m³ fassenden Löffel bei einem Gesamtgewicht von 640 t. Es handelte sich um eines von insgesamt 13 gebauten Geräten dieser Serie, die alle ausschließlich im englischen Erzabbau Verwendung fanden. Zwischenzeitlich wurden die Bagger ausnahmslos verschrottet. Leider hatte ich während der Befahrung aus zeitlichen Gründen nicht die Möglichkeit, dieses Gerät zu fotografieren. Auch die Marion

5323 soll nach der Einstellung des Erzabbaus dann in den frühen achtziger Jahren verschrottet worden sein. Andere Quellen besagen allerdings, sie sei nach Übersee verkauft worden. In den anderen Gruben waren Rapier W1400 und Bucyrus-Erie 1150-B Schreitbagger zum Entfernen der Abraumschicht eingesetzt. 1980 wurden sämtliche Bergbauaktivitäten auf einen Schlag eingestellt und das benötigte Eisenerz für die Hochöfen der Stahlwerke wurde fortan weitaus kostengünstiger aus Übersee bezogen.

Gebiet um Scunthorpe

In dieser Region existierten drei Tagebaue. Die Abbautechnik war vergleichbar mit derjenigen in Corby. Da das Eisenerz hier jedoch tiefer lag, musste zwangsläufig mehr Abraum umgesetzt werden. Aufgrund der begrenzten Reichweite des Draglineauslegers bestand in Anbetracht der größeren anstehenden Abraummenge die Gefahr, dass das in den bereits ausgebeuteten Bereich des Gewinnungsgrabens verstürzte Material ins Rutschen geraten und schließlich die im vorderen Streifen gerade erst freigelegte Eisenerzschicht zumindest teilweise wieder zuschütten könnte. Um ein derartige Situation auszuschließen, postierte man einen weiteren, wesentlich kleineren Schreitbagger auf der Kippenseite. Dieses Gerät hatte die alleinige Aufgabe, sobald erforderlich, einen Teil des frisch aufgeschütteten Abraums wieder aufzunehmen und durch ein Schwenken um 180° nach rückwärts umzusetzen. Auf diese Weise war es möglich, den Materialanfall im Gewinnungsgraben in kontrollierbaren Grenzen zu halten. Im Gegensatz zu Corby erfolgte hier der Abtransport des Erzes zunächst mit Muldenkippern, die das Material an Verladestationen in Eisenbahnwaggons kippten. Auch in dieser Gegend hatte ich die Möglichkeit, zwei der Eisenerz-Tagebaubetriebe zu besichtigen, die ebenfalls zur British Steel Corp. gehörten. In dem „Crosby Warren" Tagebau war das Hauptgerät ein Ransomes & Rapier W600 Schreitbagger, der bei einer Auslegerlänge von 57 m einen Schaufelinhalt von 7,65 m^3 aufwies. Sein Einsatzgewicht lag bei 780 t. Ein weiterer Rapier Schreitbagger des Typs W150 stand auf der Verkippungsseite, um das Abraummaterial gegebenenfalls nochmals umzusetzen. Das erzhaltige Felsgestein wurde durch einen 100-RB Hochlöffelbagger in Muldenkipper verladen. Dieser Bagger war bereits in den dreißiger Jahren gebaut worden, sein Löffel fasste ein Volumen von etwas mehr als 3 m^3.

In dem „Winterton" Tagebau war ein weiterer, in diesem Fall 1962 in Dienst gestellter Ransomes & Rapier W1800 stationiert. Bei einer für einen bereits zu Beginn der sechziger Jahre konstruierten Schreitbagger durchaus ungewöhnlichen Auslegerlänge von 92,4 m besaß er dementsprechend eine relativ kleine Schaufel mit einem Inhalt von 19 m^3. Wie bei allen größeren R&R Schreitbaggern der ersten Generation vermittelten der Ausleger und das Maschinenhaus einen ausgesprochen imposanten Eindruck. Zwei Ruston-Bucyrus 5-W Schreitbagger standen nebeneinander auf der Kippenseite, bereit, um im Bedarfsfall den überschüssigen Abraum nochmals umzusetzen. Bei dem Typ 5-W handelt es sich übrigens um den mit insgesamt 141 Einheiten meistgebauten Schreitbagger der Firmen Bucyrus-Erie beziehungsweise Ruston-Bucyrus. In dem dritten Tagebau war ebenfalls ein W600 eingesetzt. Auch in dieser Gegend kam der Erzabbau im Jahr 1980 vollständig zum Erliegen.

Erdbaustellen
Autobahnbau

Auf dem Weg zu einem Tagebau entdeckte ich mehr oder weniger zufällig eine Autobahnbaustelle. Im Zusammenspiel mit einer Caterpillar D9G Schubraupe konnte ich mehrere Terex TS-24 Doppelmotorscraper im Einsatz beobachten. Nicht weit entfernt auf einem angrenzenden Bauabschnitt waren es Caterpillar 631C Scraper, die von einer weiteren D9G Raupe während des Ladens geschoben wurden. Bemerkenswert war, dass beide große Raupen keine Fahrerkabine besaßen, so dass der Fahrer sich, soweit überhaupt möglich, durch zweckentsprechende Kleidung schützen musste. Die Mutterbodenschichten im Vorfeld der beiden Entnahmestellen wurden übrigens jeweils von seilbetätigten Caterpillar Schürfkübelanhängern abgetragen, die je nach ihrer Größe von Caterpillar D7F oder D8H Raupentraktoren gezogen und während des Schürfvorgangs im Bedarfsfall zusätzlich noch von Schubraupen unterstützt wurden. Schürfkübel mit vorgespannten Raupenschleppern fanden überall in Großbritannien, teilweise in großen Stückzahlen, beim Autobahnbau Verwendung, aber ebenso auch zum Zweck des Abtragens von Abraum und Zwischenmitteln im Tagebaubetrieb. Derartige Kombinationen waren in England ausgesprochen weit verbreitet, während sie beispielsweise in Deutschland eine Rarität darstellten. Aufgrund der relativ niedrig liegenden Transportgeschwindigkeit waren sie allerdings nur auf kürzeren Strecken wirtschaftlich einzusetzen.

Im direkten Größenvergleich mit ihren riesigen Verwandten, die auf Löffelinhalte von bis zu 138 m³ kommen, würde die Marion 5323 Stripping Shovel zweifellos recht winzig wirken, für sich gesehen ist sie dennoch von imponierender Größe; man beachte die vier Raupenpaare, auf denen sich der Bagger fortbewegt, und den Kniehebelvorschub. Rechts: Blick aus 40 m Höhe von der Spitze des Auslegers des 5323 auf das Maschinenhaus und den A-Bock mitsamt den beiden Zahnstangen für den Löffelvorschub

Die vor dem Löffel der 5323 Stripping Shovel stehenden Personen vermitteln einen guten Eindruck von seiner Größe. Inhalt: 13 m³

Fast schon als „antik“ zu bezeichnender 100-RB Hochlöffelbagger, der nach immerhin etwa 40 Betriebsjahren 1976 immer noch als Hauptgerät zum Verladen von Erzgestein im Einsatz steht

Ransomes & Rapier W600 Schreitbagger in der Region um Scunthorpe; hinter dem Bagger sind die typischen Bodenmarkierungen zu erkennen, die durch das beim Schreiten erfolgende teilweise Anheben und Absetzen der Bodenplatte entstehen

Bei genauerem Hinsehen ist auf der gegenüberliegenden Seite des Grabens, zum Teil hinter dem Ausleger des Rapier W1800 versteckt, ein Ruston-Bucyrus 5-W Schreitbagger auszumachen. Der W1800 besitzt zwei identisch ausgerüstete Steuerstände

Ruston-Bucyrus 5-W Schreitbagger, dessen Führerhaus entweder bereits direkt ab Werk oder aber zu einem späteren Zeitpunkt durch den Betreiber über dem Dach des Maschinenhauses montiert wurde, um dem Baggerführer bessere Sicht zu verschaffen

Zwei Caterpillar Anhängescraper des Typs 435G; als Zugmaschine des hinteren ist eine Cat D7 Raupe auszumachen. Die Steuerung der Kübelbewegungen erfolgt über zwei Seile mittels der an der Raupe angebrachten Seilwinden

Eine Caterpillar D9G Raupe, die mit einem speziellen Schubschild und ebenfalls mit einem gefederten Schubblock am Heck ausgerüstet ist, unterstützt einen Terex TS-24 Scraper beim Schürfen

Dockbaustelle

Beim Bau eines Trockendocks bei Bristol konnte ich einen zwar großen, aber rein äußerlich bereits recht betagt wirkenden Michigan 475IIIA Radlader beobachten. Er brachte 67 t auf die Waage, und bei einer Motorleistung von 620 PS besaß er eine 9,2 m^3 fassende Schaufel. Beladen wurden ebenfalls bereits in die Jahre gekommene Caterpillar 769B Muldenkipper aus der ersten Serie, die noch keine V-förmige, sondern eine gerade Muldenform aufwiesen. Abgestellt fand ich einen Menck Skooper vor. Bei dem Skooper handelte es sich um den Versuch, einen dem Radlader vergleichbaren echten waagerechten Löffelvorschub zu erzielen. Dies war prinzipbedingt beim konventionellen Hochlöffelbagger nicht möglich. Diese Bauart eines Hydraulikbaggers war, mit zunächst noch teilweise mechanischem Seilantrieb der Auslegerbewegungen, ursprünglich 1957 von Koehring in den USA entwickelt worden. Im Jahr 1963 folgte dann eine vollhydraulische Version. Ab 1967 wurde ein in Lizenz gebauter Skooper auch von Menck in Gestalt des M150H beziehungsweise später in verbesserter Form als M300H angeboten. Ein wirklich durchschlagender Erfolg diesseits oder jenseits des Atlantiks war diesem durchaus interessanten Konzept nicht beschieden.

Zum Abschluss einige Zahlen

Im englischen Kohletagebau war zu Beginn der achtziger Jahre eine wahrhaft beeindruckende Anzahl an Erdbewegungsgeräten im Einsatz, um eine möglichst kostengünstige Gewinnung der Kohle zu ermöglichen. Um einen Eindruck hiervon zu vermitteln, folgen einige Zahlen aus den Jahren 1980 und zum Vergleich 1992 (in Klammern) für verschiedene Gerätegattungen. Diese habe ich aus unterschiedlichen Publikationen zusammengetragen, unter anderem auch aus dem Buch „Sunshine Miners“ von Peter Grimshaw. Die Population der Hochlöffel-Seilbagger setzte sich zusammen aus 29 (27) x 190-B/ 195-B und 38 (10) x 150-B/RB von Ruston-Bucyrus beziehungsweise Bucyrus-Erie, 5 (5) x P&H 1900AL sowie 3 (2) x Marion 191-M und 5 (6) x Marion 182-M. Der Lima 2400 war 14 (-) mal vertreten, der Manitowoc 4600 1 (-) mal. An Draglines auf Raupen waren 5 (3) x 150-B/RB, 2 (-) x BE 88-B, 24 (7) x Lima 2400, 15 (2) x Manitowoc 4600 und, durchaus der Klasse der Großbagger zuzurechnen, 5 (3) x Marion 195-M anzutreffen. Die im Betrieb befindlichen Schreitbagger umfassten jeweils zehn Einheiten. Gegenwärtig ist keiner dieser Schreitbagger mehr in einer Kohlegrube im Einsatz. Muldenkipper brachten es ab einer Nutzlast von 45 t aufwärts auf 712 (740) Einheiten. An Hydraulikbaggern mit einem Gewicht über 100 t waren in Großbritannien, ebenfalls bezogen auf 1980 und (1992), eingesetzt: 2 (28) x Demag vom H111 bis zum H485; - (13) x Liebherr R994 und R984; 15 (70) x O&K vom RH 60 bis zum RH 200, davon allein knapp 50 x RH 120, 6 (2) x Poclain EC1000 beziehungsweise 1000CK und - (5) x Hitachi EX 1800/EX 3500. Zusätzlich zu vermelden waren 332 kleinere Hydraulikbagger mit einem Betriebsgewicht von unter 100 t. Marktführer in diesem Segment war der Caterpillar 245 mit 31 (23) Geräten. Auf den rasant angestiegenen Bestand an großen Hydraulikbaggern sei noch etwas näher eingegangen: Denn seit einschließlich September 1972 lässt sich der Beginn dieser bedeutenden Umwälzung im Geräteeinsatz innerhalb des englischen Kohletagebaus sehr genau datieren. In diesem Monat begann ein O&K RH 60 Hydraulikbagger seine Arbeit in dem Tagebau „Acrefair“ des Betreibers NSM. Es handelte sich um den ersten Hydraulikbagger mit einem Einsatzgewicht größer als 100 t, ausgerüstet mit einer 6,1 m^3 fassenden Klappschaufel. Weiter ging es (fast) im Jahresrhythmus: 1973 wurde in England erstmals ein Poclain EC1000 zum Einsatz gebracht, 1976 gefolgt von seinem Nachfolgemodell, dem Poclain 1000CK. Im gleichen Jahr wurde auch erstmals der O&K RH 75 eingesetzt, zunächst in „Butterwell“, der den RH 60 ersetzte. 1978 folgte der Demag H111 und 1980 dann der Prototyp des O&K RH 300, des zu diesem Zeitpunkt bei weitem größten Hydraulikbaggers weltweit. Wiederum im gleichen Jahr kamen auch ein Demag H241 und ein P&H 1200 zum Einsatz, 1982 folgte ein Liebherr R991 und 1983 der erste Demag H 185 überhaupt. Weiter ging es ebenfalls 1983 mit dem O&K RH 75C und 1984 mit dem Prototyp des O&K RH 120C. 1986 folgte dann das erste Exemplar des Demag H485, der den Titel des weltgrößten Hydraulikbaggers vom RH 300 übernahm. Um diese Übersicht bis zum Beginn der neunziger Jahre zu vervollständigen: 1986 O&K RH 90C, 1986 Liebherr R994, 1989 Demag H135, 1989 O&K RH 200, und schließlich 1990 Hitachi EX1800 und 1991 Hitachi EX3500. Parallel zu dem Anstieg der Zahl der Hydraulikbagger in den achtziger Jahren erfolgte zwangsläufig eine abrupte Reduzierung der Anzahl der größeren Seilbagger. So ging zwischen 1980 und 1990 die Anzahl der Lima 2400 und Manitowoc 4600 Draglines um

Der vollhydraulisch arbeitende Skooper, der von Koehring in den USA entwickelt und später auch von Menck in Lizenz gebaut wurde, sollte einem aus dem Stand arbeitenden Gerät mit Hilfe der in senkrechter Richtung wirkenden Hydraulikzylinder und einer entsprechenden Kinematik einen waagerechten Löffelvorschub nach dem Vorbild eines Radladers ermöglichen

80 Prozent zurück, die der Lima 2400 und RB/BE Hochlöffelbagger reduzierte sich im gleichen Zeitraum um weit mehr als die Hälfte.

Ein weiterer entscheidender Wandel, der mit der Markteinführung der großen Hydraulikbagger nicht nur in Zusammenhang gebracht werden kann, sondern hierdurch erst ermöglicht wurde, betraf die Zusammensetzung der Flotte der Muldenkipper mit starrem Rahmen. Noch zu Beginn der siebziger Jahre waren überwiegend 35 bis 50 Tonner eingesetzt, hauptsächlich der Hersteller Aveling Barford und Terex, gebaut im eigenen Land. Allein der Terex R-50 war 1980 280-mal in den englischen Tagebauen vertreten. Zu Beginn der neunziger Jahre besaßen demgegenüber von den insgesamt 740 eingesetzten Mulden allein 484 eine Kapazität von 85 t, angeführt von dem Caterpillar 777 mit 283 Einheiten und dem Terex 33-11 mit 125 Einheiten. Immerhin 76 besaßen eine Tragkraft von mehr als 100 t, wobei es sich in diesem Fall ausschließlich um Cat Muldenkipper der Typen 785 und Cat 789 handelte. Die Entwicklung hin zu größeren Einheiten lässt sich aber auch recht aussagekräftig über die Gesamtkapazität dokumentieren: Während 1980 712 Muldenkipper eine gesamte Nutzlast von 26.460 t auf sich vereinigten, kamen 1992 zahlenmäßig fast vergleichbare 740 Einheiten auf eine gesamte Tonnage von nun 61.630 t. Ausschlaggebend für diesen Trend der Beschaffung von Muldenkippern mit einer immer größer werdenden Nutzlast war die seitens der Grubenbetreiber aufgrund ihrer enormen Leistungsfähigkeit schnell zunehmende Akzeptanz der großen Hydraulikbagger, deren zusammengenommene Löffelinhalte sich im gleichen Zeitraum von 317 m^3 (bei 62 vorhandenen Einheiten) auf 1.477 m^3 (bei 141 Einheiten) mehr als vervierfachten. Dem gegenüber stand, abermals über den gleichen Zeitraum betrachtet, eine Reduzierung der Schaufelinhalte der seilbetriebenen Hochlöffelbagger von 709 m^3 bei einer Gesamtzahl von 109 Maschinen auf immerhin aber noch 412 m^3 bei nun 50 Geräten. Letzteres zeigt deutlich die Langlebigkeit dieser robusten Gerätegattung, von Fall zu Fall noch weiter erhöht durch eine vor Ort durchgeführte grundlegende Modernisierung einzelner Geräte. In diesem Zusammenhang sei abschließend noch auf einen weiteren, durchaus interessanten Umstand hingewiesen: Ausnahmslos alle in Großbritannien im Tagebaubereich eingesetzten größeren Seilbagger sowie Schreitbagger waren entweder im eigenen Land oder aber in den USA gebaut worden. Demgegenüber mussten, zumindest in den siebziger und achtziger Jahren (bis auf den einzelnen, bereits erwähnten Koehring 1266), ausschließlich alle größeren Hydraulikbagger aus Deutschland und Frankreich importiert werden. Der Grund für diesen Wandel liegt darin zu suchen, dass deutsche Hersteller wie namentlich O&K (jetzt Terex), Demag (jetzt Komatsu) und Liebherr, aber auch die französische Firma Poclain, bei der Entwicklung und dem anschließenden Bau von tagebautauglichen Hydraulikbaggern echte Pionierarbeit geleistet und sich hierdurch gegenüber den anderen weltweit tätigen Baggerherstellern einen beachtlichen Vorsprung erarbeitet hatten. Unter anderem aufgrund dieser Tatsache mussten sich zu einem früheren oder späteren Zeitpunkt, soweit es eigenständige Entwicklungen betraf, Firmen wie beispielsweise Bucyrus-Erie, Marion und Caterpillar aus diesem sehr speziellen Marktsegment zurückziehen, ebenso wie auch P&H und Komatsu.

relevanten Raupenteile erlangte, war es naheliegend, sich eines Tages eine alte T-100 zu besorgen. Diese wurde gemeinsam in liebevoller Kleinarbeit komplett restauriert.

. Mai 2008 flogen wir also von München aus kau nach Tscheljabinsk, einer sibirischen und einer Millionen Einwohnern und Tem- ›is zu 70 Grad unter Null. Für die weiterver- Industrie Russlands ist diese Region be- ichtig, weil dort vor allem Kohle, Erz und baut werden. Um diese wertvollen Güter das Land zu transportieren und den Waren- el mit China zu erleichtern, wurde bereits 1891 dem Bau der Transsibirischen Eisenbahn begon- Die längste Eisenbahnstrecke der Welt passiert in en Tagen mehr als 396 Bahnhöfe und ist auch heute eine der wichtigsten Verbindungen für Reisende en Güterumschlag.

ehmende Bedarf an Lebensmittel für die sende Bevölkerung der UdSSR verlangte ngsfähigen Maschinen für die Feldbearbei- ie Forstwirtschaft und für den Abbau der rhandenen Bodenschätze Sibiriens. Nach Tests diverser Traktoren importierte man nziger Jahren die ersten kettengetriebenen und Mähdrescher, die ihren Dienst auch limatisch sehr wechselnden Bedingungen n. Die riesigen Kolchosen der staatlichen Agrargenossenschaften konnten ohne den Einzug moderner und leistungsfähiger Technik nicht mehr bewältigt werden. So kaufte Russland in der Zeit zwischen 1929 und 1930 mehr als 1 350 amerikanische Ketten-

Jan Hofmann und seine T-100MGS, die er liebevoll „Olga" taufte

traktoren. Gleichzeitig entschloss sich die sowjetische Regierung, in Tscheljabinsk ein neues Traktorenwerk zu errichten, um von ausländischen Importen unabhängig zu werden. Nach nur zweijähriger Bauzeit war das komplette Werk errichtet und die ersten Traktoren des Typs Stalinez S-60 rollten aus den Montagehallen. Am 1. Juni 1933 wurde das Tscheljabinsker Traktorenwerk ChTZ offiziell in die Liste der produzierenden Staatsbetriebe aufgenommen.

Gebaut wurden die 60 PS starken und 9,5 t schweren S-60 von 1933 bis 1937. Während dieser Zeit verließen mehr als 69 100 Raupenschlepper das Werk, die ihren Dienst in der Landwirtschaft oder bei der Roten Armee verrichteten. Mit dem S-60 Kettentraktor kam der Nachfolger der S-65, in dem erstmals ein 65 PS Dieselmotor zum Einsatz gelangte. 1939 begann die Umstellung zu einem der schlagkräftigsten Rüstungsunternehmen des Landes. 1941 wurde das Charkov Motorenwerk und das in Leningrad beheimatete Kirow Werk, das sich mit dem Bau der schweren Panzer des Typs KW befasste, hinter den Ural nach Tscheljabinsk verlegt. Der Name Tankograd (Stadt der Panzer) war geboren. 18 000 Panzer und Selbstfahrgeschütze, darunter auch der berühmte T-34 Panzer, 48 000 Dieselmotoren für Panzer und 17,7 Millionen Munitionssätze wurden für die Rote Armee produziert bis zum Ende des Zweiten Weltkriegs.

Der Prototyp eines neuen Kettentraktors erschien im Januar 1946. Bereits nach wenigen Monaten lief die Serienfertigung schon auf Hochtouren. Mit 80 PS war der Stalinez S-80 eine sehr leistungsfähige Maschine, die beim Bau des Wolga-Don Kanals zu Dutzenden eingesetzt wurde und als unverwüstlich galt.

Die 100 PS Marke knackten die Ingenieure 1958

Anlässlich des 50sten Jahrestags von ChTZ bekam ein stiller Held einen gebührenden Platz vor dem Verwaltungsgebäude. Der erste sowjetische Traktor S-60 ist identisch mit der Best/Caterpillar Sixty, der von 1919-1931 gebaut wurde. Der 9,5 t schwere Kettentraktor leistet 60 PS und wird von einem langsamlaufenden 4 Zylinder Benzinmotor mit 18,47 l Hubraum (Bohrung 165 mm/Hub 216 mm) bei 650 U/min angetrieben. Der runde, seitlich aufgebaute Benzintank fasst 309 l und ist ausreichend groß dimensioniert für einen langen Arbeitstag. Mit den beiden gekröpften Hebeln, die mittig vor der durchgehenden Fahrerbank angebracht sind, wird gesteuert. Zu dieser Zeit gab es noch keinen elektrischen Anlasser. Der Fahrer musste zuerst den Benzinhahn am Tank öffnen, die Fahrkupplung auskuppeln und das Getriebe in die Neutralposition bringen. Dann den Gashebel in die Mittelstellung, den Hebel am Ansaugkrümmer auf Wärmen, am Vergaser etwas Benzin vorpumpen, die Dekompressionseinrichtung öffnen um ein Durchdrehen des Motors mit einer langen Eisenstange, die vom Fahrerstand aus in das Schwungrad gesteckt werden kann, zu ermöglichen. Zündschalter an und mit einer Hand das Ansaugrohr des Vergasers etwas heben (Joke Funktion). Nach kurzer Zeit bildet sich ein zündfähiges Benzin-Luftgemisch und wenn der Maschinist kräftig genug am Schwungrad dreht, springt der Motor an. Die Dekompressionseinrichtung wird geschlossen und die Fahrt kann losgehen mit einer maximalen Geschwindigkeit von 8,4 km/h im dritten Gang. 1934, im ersten Jahr des Firmenbestehens, baute ChTZ 10 000 dieser Traktoren

mit der Weiterentwicklung der S-80 zur S-100. Drei Jahre später legte ChTZ einen Meilenstein im Bau von Kettentraktoren, der bis heute von keinem anderen Raupenhersteller überboten werden konnte. Der DET-250 mit dieselelektrischem Antrieb, 310 PS und spezieller Drehstabfederung des Laufwerkrahmens ging in die Serienfertigung. In den folgenden Jahren erhielt dieses zukunftsweisende Antriebskonzept verschiedene internationale Auszeichnungen.

Der Raupenklassiker S-100 bekam 1963 einen 108 PS starken Motor und hieß nun T-100M. Es wurden unterschiedliche Ausführungen für die Landwirtschaft und mit extrem breiten Ketten und langem Laufwerk für die Bauindustrie angeboten.Vom kleinsten gedrehten Flansch über geschweißte Laufwerksträger bis zum gegossenen Motorblock fertigte ChTZ alle Teile selbst. 1966 wurde der 500 000ste Traktor seit der Gründung gefeiert, 1973 der 700 000ste.

Nach einer Umstrukturierung der Fabrik und dem Einbau eines schweren Kettenförderers rollte 1976 von den neu eingerichteten Fertigungsstraßen der T-130 vom Band. Das gänzlich neue Modell mit 140 PS Turbomotor konnte direkt über den Anlasser gestartet werden.

So erfolgreich die Gründungsjahre für ChTZ waren, so geschäftig ging das Unternehmen in die 80er Jahre hinein. Die Ingenieure und Techniker wollten einen Super Kettendozer entwickeln, der alles bisher dagewesene in den Schatten stellen sollte. 1983 war es soweit: der T-800 verließ die Fabrikhalle, 820 PS dröhnten und 106 t Stahl bewegten sich langsam vorwärts. Das war die Geburtsstunde des weltweit größten Kettendozers, der 1990 einen Eintrag in das Guinness Buch der Rekorde schaffte. 1984 wurde der einmillionste Kettentraktor gebaut.

Nach einem sehr guten und ausgiebigen Frühstück holten uns Herr Sergeev, Chef der Abteilung Marktanalyse für den Auslandsmarkt, und sein Team Irina, Elena und Dimitri im Hotel Victoria ab. Nach einer kurzen Fahrt quer durch Tscheljabinsk erreichten wir die Leninstraße 3, wo sich schon eine größere Anzahl an Schaulustigen vor dem Tor des Werksgeländes versammelt hatten. Gespannt warteten wir auf das große Ereignis 75 Jahre ChTZ Uraltrac.

Wie zu jedem größeren Jubiläum der Firma fand eine umfangreiche Maschinenparade statt, die von der Fabrik aus quer durch die Stadt führte und am Platz des Friedens in eine mehrtägige Ausstellung mit buntem Rahmenprogramm endete. Als erste Maschine verließ eine Stalinez S-65 das Firmenareal. Angetrieben durch

Maschinenparade quer durch die Stadt

einen M17 4 Zylinder Dieselmotor, der seine Höchstleistung von 65 PS bei 850 U/min entwickelt, rollte der 11,2 t schwere Kettentraktor an uns vorüber. Um die Straße nicht so sehr zu beschädigen, waren auf den 500 mm breiten Ketten sogenannte Streetpads aufgeschraubt. Erstmals gab es einen 20 PS Benzinanlassmotor für den Diesel, das mühsame und auch gefährliche Andrehen am Schwungrad hatte nun ein Ende. Der rotfarbene kyrillische Schriftzug seitlich am Kühler bedeutet Stalinez. In der Zeit zwischen 1937 und 1941 wurden mehr als 37 000 Einheiten vom S-65 gebaut, plus über 7 000 Exemplare des modifizierten Typs SG-65 mit Holzvergaser.

Mit tiefem Grollen und dickem Auspuffqualm setzte sich der 8,2 m lange, 3 m breite und 2,76 m hohe Kampfpanzer T-34 in Bewegung. Ein V12 Aluminiummotor mit 500 PS verleiht dem 33 t Panzer eine Geschwindigkeit von 53 km/h. Auch heute produziert ChTZ Komponenten und Motoren für zivile und militärische Einsätze von 12-1350 PS. Die Werksanlagen erstrecken sich auf einer Fläche von 4,5 Quadratkilometern. Rund 20 000 Menschen sind dort beschäftigt.

Nachdem das letzte Fahrzeug der Parade das

So spannend und schön die Historie auch ist, ChTZ machte im März 2007 einen gewaltigen Schritt in die Zukunft mit dem neuen Kettendozer B11, der kürzlich die CE Zulassung erhielt. Viele Innovationen und ein up to date Design zeichnen diese 190 PS starke hydromechanisch angetriebene und je nach Ausführung 20,9 t wiegende Raupe aus. Das abgestufte Getriebe mit jeweils drei Fahrstufen vorwärts (0-3,8 / 0-6,9 / 0-10,8 km/h) und rückwärts (0-4,8 / 0-8,5 / 0-13,4 km/h), erlauben ein kraftvolles und zugleich zügiges Arbeiten. Diverse Schubschilde mit einem Fassungsvermögen von 4,0-5,8 m³ bieten dem Kunden für jeden Einsatzzweck das richtige. Desweiteren kann zwischen zwei verschiedenen Parallelogrammaufreißern gewählt werden, Typ H mit einem Zahn oder Typ P mit drei Zähnen, die beide eine Reißtiefe von 650 mm aufweisen. Die neue B11 ist gewichts- und leistungsmäßig zwischen der bekannten B10 und der B12 einzuordnen

Klein aber fein! ChTZ ist nicht nur Spezialist wenn es um schwere Kettendozer geht, sondern bietet seit 1990 auch für Kommunen und die Landwirtschaft eine Systemlösung mit dem 2008 gänzlich überarbeiteten Kleinsttraktor Uraletz T-0, 2.03.2 an. 12 PS sind ausreichend für den knapp über eine Tonne wiegenden Traktor, der wahlweise mit Rädern oder einer übergestreiften Gleiskette ausgestattet ist. Ein leichtes Planierschild ist angebaut, das sich neben den herkömmlichen Erdarbeiten genauso gut für den Winterdienst eignet. Heckseitig können diverse Anbaugeräte angebracht werden wie Kehrbesen oder Salzstreuer. Interessanterweise besitzt diese Maschine eine Flügeltür, jenem Attribut, mit dem der legendäre Mercedes 300 SL bereits 1954 auf sich aufmerksam machte. ChTZ baut von diesem Kleinsttraktor eine Spezialversion für die Eisenbahn, die damit diverse Reparaturen und Instandhaltungsarbeiten an der Strecke und an Waggons vor Ort ausführt. Ausgerüstet ist der Uraletz mit einer Vierfachabstützung für den Ladekran, der bei voller Ausladung von 3,5 m 180 kg hebt, einer hydraulischen Ausrüstung für diverse Arbeitswerkzeuge, einem Schweißaggregat und einer Beleuchtungsanlage für das Arbeitsfeld

Der im Herbst 2007 eingeführte kleinste Radlader PK-30 mit 1,6 m^3 Schaufel und einem Gewicht von 10,7 t. Ein kraftvoller D-245.2S2 4 Zyl. Dieselmotor aus der Minsker Motorenfabrik gibt seine Leistung von 122 PS an ein hydromechanisches ZF-Getriebe ab mit 4 Vorwärts- und 3 Rückwärtsgängen. Die Lenksäule kann in acht Positionen auf die Bedürfnisse des Fahrers individuell eingestellt werden

Der Radlader PK-46 war 2006 der erste in der neuen „Proffi“ Baureihe mit 2,4 m^3 Schaufel und einem 180 PS starken V6 Jamz-236M2-4 Dieselmotor der Firma OJSC. Das Getriebe und die Achsen des 13,5 t schweren und 35 km/h schnellen Radladers stammen von ZF. Das schallisolierte Fahrerhaus (78 dB) ist mit einem integrierten Überrollschutz (ROPS-FOPS) ausgestattet und schwingungsarm gelagert

Das Flaggschiff bei den Radladern ist das Modell PK-65 mit 19 t Dienstgewicht, 3,6 m^3 Schaufelinhalt und einem 240 PS V8 OAO Motor mit 14,8 l Hubraum. Der 8,28 m lange Radlader kam zeitgleich mit dem kleinsten Modell und hat einen Wendekreis mit 3 m Schaufel von 6,70 m dank eines Einschlagwinkels von 37° zu beiden Seiten hin. Die Auskipphöhe von 3,14 m bei 45° ist ausreichend, um Straßenkipper oder Dumper zu beladen

Der 11,4 t Raupenschlepper Stalinez S-80 hat 8,8 t Zugkraft im ersten Gang und ist baugleich mit der Caterpillar D7 (3T). Der 4 Zyl. Vorkammermotor KDM-46 hat eine Dauerleistung von 80 PS und eine Spitzenleistung von 90 PS, das ergibt ein Gewicht-Leistungsverhältnis von 124 Kg/PS. Nach Stalins Tod 1953 verschwand die Bezeichnung Stalinez und anstelle des S verwendete man ein K für Kirow Werk Narkomtankoprom. Auf der linken Vorderseite des Kühlers ist das rotlackierte Emblem mit dem „K“ zu erkennen

Werksgelände verlassen hatte, folgten mehrere mit Luftballons bunt geschmückte Lieferwagen, die auf der Pritsche eine große Schautafel zu den verschiedenen Zeitepochen von ChTZ montiert hatten. Auf dem Bild erkennt man die legendäre Stalinez S-60, mit der 1933 alles begann.

Den krönenden Abschluss dieser nicht alltäglichen Maschinenparade machten Ross und Reiterinnen mit ihren gelb-blauen ChTZ Fahnen. Danach hatte alles schon einen Volksfestcharakter, hunderte an Arbeitern, Passanten und Gäste folgten dem langen Zug quer durch die Stadt bis zum Platz des Friedens.

Als wir endlich am Platz des Friedens angekommen waren, konnten wir die restlichen Ausstellungsstücke, die fein säuberlich schon am Vortag in Reih und Glied aufgestellt worden waren, und die von der Parade einfahrenden Maschinen in aller Ruhe betrachten.

Von den 60er Jahren an bis heute liefert ChTZ Traktoren und Kettendozer in viele Länder der Welt. Die Maschinen sind gebaut für den harten Einsatz, sie arbeiten unter sehr unterschiedlichen klimatischen Bedingungen, von den Tropen zu den trockenen heißen Wüsten bis hin zu den gemäßigten Regionen und den kalten Gebieten der Erde. Mit der wirtschaftlichen Umstellung Russlands 1990 gründete die Tscheljabinsker Traktorenfabrik eine eigenständige Handelsfirma, die sich um die Betreuung und Vermarktung der ChTZ Produkte im Ausland kümmert. Derzeit unterhält man Geschäftsbeziehungen zu Kunden in Ägypten, Irak, Slowenien, Kroatien, Serbien, Montenegro, Kosovo, Bosnien und Herzigowina, Bulgarien, Deutschland, Polen, Tschechische Republik, Slowakei, China, Mongolei, Vietnam, Kambodscha und anderen Ländern. Das Foreign Trade Firm Team rund um Herrn Sergeev erläuterte uns während einer exzellenten Tour über den Platz des Friedens sämtliche Details der Firmengeschichte und erklärte die ausgestellten Maschinen. Selbst zu den neuen Prototypen, wie der Diesel elektrischen DET-400 konnten wir ungeniert Informationen einholen.

Die vielen Eindrücke machten uns alle hungrig. Zu unserem Erstaunen durften wir als Deutsche Delegation bei dem offiziellen 75 Jahre-Bankett, das ChTZ für Händler und Kunden ausrichtete, teilnehmen. Die verschiedenen Landesdelegationen gratulierten ChTZ während des ausgedehnten Essens und dankten für die gute Zusammenarbeit der vergangenen Jahre. Bekräftigt wurde dies mit einem Trinkspruch und einem doppelten Wodka. Als wir an der Reihe waren, wünschten wir ChTZ eine gute und weiterhin so erfolgreiche Zu-

Die Parade durch Tscheljabinsk endete mit großen Schautafeln zu den unterschiedlichen Epochen, die von bunt geschmückten Lieferwagen getragen wurden

Das Foreign Trade Firm Team rund um Herrn Sergeev führte uns über den Platz des Friedens und erklärte die ausgestellten Maschinen und die Geschichte von CHTZ

Mit der Einführung der T-Bezeichnung (T wie Traktor) 1961 war der Weg frei für eine ganz neue Raupen-Generation, die mit der 108 PS starken T-100M am 9. Oktober 1963 begann. Das Bild zeigt die technisch weiterentwickelte T-100M3 mit nur einem Lenkhebel, Fußkupplung, geändertem Turas und einer Ausrüstung für ein hydraulisch betätigtes Planierschild. Der Modellwechsel kam mit der T-130M, die wiederum 1988 von der T-170 Raupe mit nun 170 PS abgelöst wurde. 1991 hat ChTZ seine Produktbezeichnung umgestellt, die T-170M bekam die Bezeichnung T-10.02, die nun auch mit einem hydromechanischem Antrieb ausgestattet ist. Nur der alt bewährte 4 Zyl. Turbomotor D-180 mit 14,4 l Hubraum und seinem Leistungsfeld von 140-180 PS und den beiden Anlassversionen (elektrischer Anlasser oder 2 Zyl. Startermotor) blieben erhalten

Die erste Diesel elektrische Raupe, die DET-250 mit 310 PS und 27,5 t verließ 1961 die Werkshallen. Das aktuelle Modell ist die 41 t schwere und 323 PS starke DET-250B2, die erstmals1989 in Serie ging. Der langlebige und robuste 12 Zylinder V Motor B-31M2 mit 38,8 l Hubraum hat in abgewandelter Form seinen Dienst schon tausendfach im legendären T-34 Panzer verrichtet, bevor er in einer DET Raupe zum Einsatz gelangte. Die elastisch gelagerten Laufrollen mit Drehstabfederung für jede der 6 Laufrollen pro Seite ermöglichen eine exzellente Traktion auf harten Böden wie Fels und minimieren gleichzeitig die Stöße und die Gefahr eines Ermüdungsbruches im Bereich Traktorrahmen oder Laufwerk. Mit dem 4,25 m breiten und 1,85 m hohem Planierschild, das ein Fassungsvermögen von 10,5 m³ hält, schiebt die 9,43 m lange DET-250B2 in kürzester Zeit große Mengen ab

Mit dem Prototyp des 5,5 t schweren EO-112 Minibaggers mit Verstellausleger, der von einem 4 Zyl. Deutz TD2009-L04 Motor mit 2,2 l Hubraum und 65 PS angetrieben wird, beschritt ChTZ im April 2007 einen ganz neuen Weg in der Produktion von kompakten Baumaschinen

Neu entwickelter Baggerlader EP-12.00 mit 72 PS und einem Dienstgewicht von 7,6 t. Mit dem seitlich verschiebbaren Heckbagger mit einem Löffelinhalt von 0,24 m^3 können Gräben bis in eine Tiefe von 4,65 m ausgeschachtet werden. Die Ladeschaufel fasst 1 m^3 und erreicht 2,70 m Ladehöhe

Das derzeit meist gebaute Raupenmodell von ChTZ ist der Typ B10M, der 2003 vorgestellt wurde. Drei Grundversionen sind lieferbar. Das Bild zeigt die rund 21,4 t schwere B10M2, hier mit hydromechanischem Antrieb (Power Shift Getriebe) und angebautem Parallelogramm-Einzahnaufreißer. Die Spurweite ist gegenüber der Standardversion um 200 mm vergrößert. Mit den 690 mm breiten Bodenplatten kann der Bodendruck um 25-30 % gesenkt werden. Als Option zu dem bewährten D-180 Motor kann ein YaMZ-236 V6 Zyl. Motor mit 190 PS und 11,15 l Hubraum oder ein Cummins 6 Zyl. bestellt werden

Das Modell B10MB ist speziell für die Arbeit auf sehr weichen und wenig tragfähigen Böden ausgelegt und besitzt daher ein verlängertes Laufwerk (7 Rollen), erweiterte Spur 2,28 m und zusätzlich 920 mm breite Bodenplatten, die den Bodendruck auf ein Minimum reduzieren. Die B10MB hat ein Dienstgewicht mit angebautem Schild von rund 20 t und kann in zwei Versionen bestellt werden: Mit hydromechanischem oder mechanischem 8 Gang Getriebe, mit starrer oder beweglicher Zugeinrichtung, aber ohne Aufreißer. Das 4,26 m breite B4 Schild des 6,25 m langen Kettendozers faßt 5,3 m^3

Der ChTZ Kettendozer B12 mit hydromechanischem Antrieb hat ein 7 Rollen Laufwerk und einen YaMZ-236B V6 Turbomotor, der seine Leistung von 215 PS bei 1800 U/min erreicht. Die erste B12 hatte ChTZ im März 2005 ausgeliefert. An dieser B12 ist ein E Schild mit einem Fassungsvermögen von 7,5 m^3 angebaut, das gerade B Schild fasst 4,75 m^3. Mit Planierschild und Heckaufreißer wiegt die B12 rund 25 t und eignet sich bestens für den schweren Erdbau und die Rekultivierung großer Flächen

1996 begann ChTZ mit dem Bau von Rohrverlegern in der 20 t Klasse. Die hydromechanischen Rohrverleger TR12 und TR20 sind mit einem 7 Rollen Rahmen ausgeführt, um Rohre in einer Größenordnung von 720 mm-1020 mm zu verlegen. Der 190 PS starke und 30 t schwere TR20.27.06 mit dem grauen Fahrerhaus hat ein schwenkbares Gegengewicht und einen hydraulischen Windenantrieb mit einer Hublast von 20 t bei einer seitlichen Ausladung des Mastes von 2,5 m. Der kleinere TR12.21.01 (180 PS) Rohrverleger wiegt 28,8 t und hat ein starres Gegengewicht. Bei der seitlichen Ausladung von 2,5 m hebt er eine Last von 12,5 t

In der ehemaligen DDR war die Raupe T-100 weit verbreitetet, sie galt als eine universell einsetzbare und leistungsstarke Maschine die in der Landwirtschaft, im Bergbau- und in der Bauindustrie Verwendung fand. Es gab unzähliges Zubehör wie diverse Planiereinrichtungen, Winden, Aufreißer, Stuppenroder, Ackerschienen, Anhängekupplung für Walzen und Anhänge-scraper. Jan, der praktisch mit der T-100 aufwuchs und später selbst damit arbeitete, konnte es gar nicht glauben, als er am 1. Juni die riesige T-800 sah. Als Jan neben dem 6 m breiten, 2,60 m hohen und 26,2 m^3 fassenden Schild stand, das alleine schon 16 t wiegt, wurde uns allen bewusst, das ist ein Rekordhalter, ein Meilenstein in der Entwicklung und im Bau von Kettendozern. Das Fahrerhaus bietet mit 3,5 m^3 genügend Platz für den Fahrer und einen weiteren Sitz für Personal, der angesichts der tiefen Außentemperaturen im Winter gern genutzt wird

Den massiven V6 Dieselmotor 6DM-21T mit Direkteinspritzung, Turboaufladung, Ladeluftkühlung und 43,64 l Hubraum (Bohrung 210 mm x Hub 210 mm) baut die in Jekaterinburg ansässige Firma Tube Motor Fabrik. Der Kraftstofftank faßt 2050 l und ist so ausgelegt, dass während der ersten beiden Arbeitsschichten nicht getankt werden muss. Bei einer niedrigen Motordrehzahl von 1500 U/min werden 820 PS an ein hydraulisch mechanisches 6 Gang Getriebe mit 4 Vorwärts- und 2 Rückwärtsgängen übertragen. In der Fahrstufe 4 erreicht der 106 t schwere Super Kettendozer 10,6 km/h. Der Einzahn-Parallelogrammaufreißer wiegt 11,2 t und dringt bis in eine Tiefe von 1,80 m. Der 12,40 m lange und 4,77 m hohe Kettendozer T-800 wird nur auf Bestellung gebaut, bisher wurden 15 Einheiten produziert

Im Mai 2007 hatte ChTZ begonnen, die gänzlich neue Diesel elektrische DET-400 Planierraupe mit Wechselstrom-Generator zu bauen. Der kompakte YaMZ 37511.10-18 V8 Turbomotor leistet 375 PS bei 1900 U/min und treibt einen 250 kW starken Generator an, der wiederum einen 235 kW Fahrmotor mit Strom versorgt. Die über 45 t wiegende DET-400 hat eine Schildkapazität von 10,5 m³ und eine Zugkraft am Hacken von 47,5 t. Das geräumige Fahrerhaus mit den großen Glasflächen bietet dem Maschinist eine ausgezeichnete Rundumsicht auf den ganzen Arbeitsbereich. Die Seitenverkleidung für den Motor und diverse Abdeckungen an der Kabine sind aus dem leichten und zugleich schalldämmenden Glasfaserverbundwerkstoff gefertigt

kunft wie in den letzten 75 Jahren und stimmten ein Prosit der Gemütlichkeit an, Nastrovje! Im Anschluss überreichte Jan als Gastgeschenk einen Holzrahmen mit Messingplatte auf der eine T-100 und der Dank der Raupenfreunde Ost als Erinnerung an die große Feier eingraviert war.

Nun sollte es endlich soweit sein! Der Besuch der heiligen Hallen stand als nächster Programmpunkt auf dem Plan, beginnend mit der Serienfertigung der B10-B12 und Rohrverleger-Typen, die individuell und zeitgleich auf den verschiedenen Fließbändern zusammengebaut werden. Mehrere B10M Traktoren mit dem bewährten D-180 Motor standen an der Seite des Bandes und warteten auf eine Wiederaufnahme der Montagetätigkeit. Der Kettenförderer im Bildhintergrund transportiert einige senkrecht hängende Laufwerksrahmen zu den Montageplätzen.

Nach einem ereignisreichen und anstrengenden Freitag mit all den interessanten Eindrücken sollte der Samstag etwas ruhiger und beschaulicher für uns beginnen. Nach mehreren Telefonaten von Herrn Sergeev war es uns doch noch möglich, das sonst am Wochenende geschlossene ChTZ Museum zu besichtigen. Die Museumsleiterin kam extra, um uns durch die Geschichte der Firma zu führen. Das sehr liebevoll eingerichtete Gebäude bot allerhand interessante Gegenstände wie zum Beispiel Zeitungsartikel, Fotografien, Schautafeln zu den einzelnen Zeitepochen der Fabrik und deren Produkte, detaillierte Raupen-Maßstabsmodelle und vieles mehr.

Nach kurzer Laufzeit des Montagebandes ist die Fahrerplattform der B10M mit Sitz, Bedienelementen und dem 310 l fassenden Dieseltank montiert. Der kleine runde Tank an der Seite des Motors ist der Benzintank für den 2 Zyl. Startermotor. Je nach Einsatzzweck kann die B10 mit einem 6- oder 5 Rollen Laufwerk bestellt werden

Rückansicht einer B12 mit hydromechanischem Antrieb und dem gut erkennbaren V6 YaMZ-236 Dieselmotor mit 215 PS. Um den Materialfluss zu optimieren und um genügend Platz zwischen den Montagebändern zu schaffen, werden viele Teile via Kettenförderer transportiert, so auch die Fahrerhäuser im Bildhintergrund

Am laufenden Band verlassen die Traktoren die Montagehalle. Doch bevor sie aus eigener Kraft herunter fahren können, müssen noch die Ketten montiert werden. Wir staunten nicht schlecht, wie schnell die Montage von statten ging. Jan meinte, das, was hier in wenigen Minuten erledigt ist, dauerte bei der Restaurierung seiner ersten Raupe T-100M GP von 1969 einige Stunden, trotz Hilfe seines Vaters

Ein großer Hallenkran legt die beiden Kettenstränge mit 920 mm breiten Bodenplatten auf dem Montageplatz gerade aus. Der Traktor, in diesem Fall eine B10MB, rollt darüber, die Kette wird mittels Seil an dem laufenden Turas befestigt und über das Laufwerk gezogen. Anschließend kann der Kettenbolzen am Kettenschloss hydraulisch eingepresst werden, die erste Kette ist fertig montiert. Danach folgt die zweite Kette und die 17 t schwere B10MB mit mechanischem Antrieb fährt aus eigener Kraft zur nächsten Station, der Lackiererei, und anschließend zur Endkontrolle

In dieser Halle werden die Traktoren mit dem jeweiligen Zubehör (Planierschild, Aufreißer, Winden, Fahrerhaus und dergleichen) komplettiert, geprüft, gereinigt und zur Auslieferung per Tieflader oder Bahnwaggon übergabefertig gemacht

Der Blick schweift über den Auslieferungshof, wo Dutzende Traktoren, Kettendozer, Rohrverleger mit allen möglichen Planiereinrichtungen, Schwenkschild, geradem Schild, gekröpftem Schild und auch großem Leichtgutschild für die Typen B10M, B10MB, B10M2, B12 auf den Versand per Bahn warten. Diverse Kontergewichte und Masten der Rohrverleger TR12 und TR21 liegen parat. Auf der rechten Bildseite sieht man die heckseitig montierte Kardanwelle mit Umlenkung für den Windenantrieb eines Rohrverlegers TR12.21.01

Was liegt näher, als die produzierten Kettendozer direkt auf einen Eisenbahnwaggon zu verladen, wenn die Transsibirische Eisenbahnstrecke schon fast durch den Betrieb verläuft. Zum Schutz der Scheiben wurden diese ringsherum mit einer dünnen Holzplatte abgedeckt. Diese B10M hat das um eine Laufrolle kürzere Fahrwerk (5 Rollen), 500 mm Bodenplatten und ein 4,75 m^3 Planierschild vom Typ E angebaut. Ausgestattet mit mechanischem 8 Gang Getriebe erreicht der 3,31 m breite, 3,25 m hohe und über 6 m lange Kettendozer eine Geschwindigkeit im 4. Gang von 10,4 km/h

Voller Bewunderung und Respekt über eine so gut organisierte Werksführung durch die wahrlich nicht aufhörenden Montagehallen, machten wir uns mit dem Auto auf den Weg zur Produktionsstätte der weltweit einzigen Diesel elektrisch angetriebenen Planierraupe mit Gleichstrom Generator. Hier der massive V12 Motor der DET-250M2 mit 323 PS. Jede der 6 Laufrollen eines Laufwerkrahmens ist mit einer separaten Drehstabfederung gekoppelt, dies erlaubt eine Höchstgeschwindigkeit von 15 km/h

Die Schaltanlage für den Diesel elektrischen Antrieb liegt bei der DET-250M2 im Fahrerhaus. Der Motor treibt einen 1,25 t schweren Generator mit einer Leistung von 220 kW, 310 V, 710 A und einer Läuferdrehzahl von 2120 -2550 U/min an. Ein Elektro mechanisches Getriebe mit 2 mechanischen Gangstufen (vor und zurück) kontrolliert die Fahrgeschwindigkeit und passt automatisch die Zugkraft dem Widerstand an. Der Kettendozer hat zwei Gangstufen: Eine zum Arbeiten, die andere für den Transport. Der Fahrmotor mit den Daten 196 kW, 300 V, 710 A und einer Läuferdrehzahl von 420-2250 U/min treibt den Seitenantrieb an, der aus je einem Planetengetriebe besteht

Die Ketten mit den 690 mm breiten Bodenplatten können gegenläufig angetrieben werden. Dies verleiht dem 41 t schweren, 9,44 m langen, 4,25 m breiten und 3,21 m hohen Kettendozer eine enorme Wendigkeit. Da von den DET Kettendozern nur kleinere Stückzahlen gebaut werden, erfolgt die Montage nicht auf einem Fließband sondern stationär

Nach der guten Resonanz der DET-250M2 entschloss sich ChTZ im Oktober 2002, auf dieser Basis des Gleichstromantriebes einen weiterentwickelten und verbesserten Prototyp mit der Bezeichnung DET-320 zu bauen. Eine der wichtigsten Änderungen ist der von der Yaroslavl Motor Fabrik gebaute YaMZ-7511.10-18 V8 Turbomotor mit 350 PS und 14,8 l Hubraum. Mit 15,7 km/h ist die DET-320 die schnellste Raupe der Welt! Der Rahmen und die Laufwerksträger der DET-320 wurden an allen relevanten Stellen verstärkt, um dem höheren Einsatzgewicht von 46,7 t gerecht zu werden. Die Leiträder sind nun als geschlossenes Rad ausgeführt

Der Bau und die Montage der DET-320 erfolgt parallel zur DET-250M2. Das grau lackierte runde Teil zwischen dem Traktorrahmen ist der 1,25 t wiegende 220 kW Generator. Davor erkennt man den YaMZ V8 Motor, der ebenso 1,25 t auf die Waage bringt. Dazu addiert sich noch der 196 kW Fahrmotor mit 2,5 t. Durch die ausgeklügelte, tiefliegende Anordnung der Antriebskomponenten zwischen dem Rahmen hat der Kettendozer eine sehr gute Balance und einen niedrigen Schwerpunkt. Auf dem Bild gut erkennbar ist das massive Leitrad gegenüber dem geteilten Rad der DET-250M2

Ohne Anbaugeräte kommt der DET-320 auf 35,5 t bei 6,75 m Länge und 3,18 m Breite und ohne FOPS – ROPS Überrollschutz auf eine Höhe von 3,99 m. Der Kraftstofftank fasst 680 l und ist nach hinten für eine bessere Sicht auf das Arbeitsfeld und den Einzahn-Heckaufreißer abgeschrägt. Um den Betrieb im Winter bei Temperaturen unter 20° Celsius zu ermöglichen, ist neben einer Vorglühanlage noch eine Wasservorwärmung für den Motor installiert. Für mehr Komfort wurde der beheizbare Batteriekasten, der Schaltschrank mit den Steuerwiderständen und das Heizgebläse für den Elektroantrieb aus dem Fahrerhaus in ein separates Gehäuse verlegt

Diese frisch lackierte DET-320 ist bereit für einen ersten Probelauf, wo alle relevanten Maschinenfunktionen vor der Auslieferung erneut auf Herz und Nieren geprüft werden. Mit angebautem 4,28 t Einzahn Aufreißer mit einer Reißtiefe von 1,54 m und dem 10,5 m³ fassenden Standardschild wiegt der Kettendozer 45 t bei einer Gesamtlänge von 8,72 m und 4,25 m Schildbreite. Unter der Bezeichnung DET-320B2L bietet ChTZ eine 46,7 t schwere Spezialversion mit 9 m³ Eisenbahn Räumschild, Heckwinde und Spezialaufreißer/Stuppenroder an

Zwischenzeitlich hatte sich der Platz des Friedens schon mit mehreren tausend Passanten gefüllt, die sich die Show anlässlich der Feierlichkeiten nicht entgehen lassen wollten. Zwei PK-46 Radlader mit 2,4 m^3 Schaufel bildeten das Gerüst für die akrobatischen Showeinlagen, die mit lautem Beifall untermalt wurden. Die feinfühlige Steuerung der beiden Radlader ermöglichte die an jeder Schaufel befestigte Sektflasche synchron und zielgenau in die von den beiden Artisten gehaltenen Sektgläser zu entleeren. Mit einem lauten Knall und mehreren Konfetti- und Luftschlangenbomben endete dieses Spektakel.

Nach drei Tagen endeten die Feierlichkeiten mit einem Besucherrekord: 15 000 Menschen hatten sich auf dem Platz des Friedens versammelt. Nach der Entscheidung von Russlands Kirchenoberhaupt Alexey II wurde das Unternehmen ChTZ Uraltrac für dessen guten Umgang mit seinen Mitarbeitern mit dem Heiligen Orden „Mitvi don Scoy" geehrt. Auch wir waren sehr überrascht über den herzlichen Empfang und der Gastfreundschaft, die uns ChTZ und das Foreign Trade Firm Team rund um Herrn Sergeev entgegen gebracht hatte. So bleibt uns diese Reise mit den neu gewonnenen Freunden in allerbester Erinnerung.

Ein letztes Mal kehrten wir auf den Platz des Friedens zurück, so dass Herr Vsevolod Smirnov noch ein paar Pressefotos von Jan und uns anfertigen konnte für die hauseigene ChTZ Zeitung und die Internet Homepage. Mit einem lauten Hurra, Hurra, Hurra Tschelyabinsky Traktorniy Zawod ChTZ verabschiedeten wir uns: die „Raupenfreunde Ost" Martin Ott, Jan Hofmann, der die Reise erst ermöglichte und organisierte, Alfred Meyer, Jürgen Wachholz und Thomas Wilk. Schweren Herzens und mit den besten Eindrücken von Land und Leuten traten wir die 4 500 km lange Rückreise über den Ural via Moskau nach Deutschland an.

Unter großem Beifall boten zwei PK-46 Radlader akrobatische Showeinlagen

Das ist Wilhelm Hofmann, der mit seiner T-100M3 der Meliorationsgenossenschaft Zschopau einen Baugrund für ein Eigenheim Mitte der 80er Jahre abschiebt. Ursprünglich kam diese Raupe als reiner Zugtraktor/Ackerschlepper in einer LPG zum Einsatz. Der etwas ungewöhnlich aussehende verstärkte Kühlerschutz mit den Anlenkpunkten für die Hydraulik wurde selbst gefertigt und nachträglich angebaut. Das 4 m Schwenkschild stammt aus russischer Produktion

Den Grundstein für Jans späteren Entschluss, sich eine schrottreife T-100 zu kaufen, legte sein heutiger Freund Rolf Hertel, der etliche Jahre als Raupenfahrer mit einer T-100 in einer LGP arbeitete. Rolf entschloss sich 1997, eine T-100M Baujahr 1967 mit seilbetätigtem deutschen 3 m Schild zu kaufen und zu restaurieren. Nach etlichen Vorführungen als Planierraupe baute Rolf das Schild mit dem Kühlerschutz ab und stellte die T-100 in das Museum der Bulldog-Freunde Erzgebirge in Burkhardtsdorf, wo sie einen würdigen Platz fand

Mit den Raupen ist es wie mit dem Schnaps und dem besagten Sprichwort: „Auf einem Bein kann man nicht stehen, so trinken wir einen zweiten“. Das gleiche dachte sich Rolf, und kaufte 2005 eine weitere ChTZ T-100M3 Bj. 1981 mit geradem 3 m Schild und einer Leistung von 108 PS, die er auf dem Lanz Bulldog Treffen 2006 einem interessierten Publikum vorführte

Im Frühjahr 1999 kam Rolf zu Jan und erzählte ihm von einer T-100MGP Bj. 1969 mit deutschem 4 m Schwenkschild, die verschrottet werden sollte, und ob er diese nicht kaufen möchte, um sie ebenfalls zu restaurieren. Nach langer Beratung mit Jans Frau und Vater Wilhelm stand die Entscheidung fest: Wir werden diese alte Raupe komplett überholen und in einen einsatzbereiten Zustand versetzen. So kaufte Jan am 24. März 1999 seine Raupe, die Vater Wilhelm „Ludmilla“ taufte. Zu DDR Zeiten waren viele russische T-100 Raupen im Einsatz und im ganzen Land gab es Stützpunkte und Werkstätten, die sich um die Ersatzteilversorgung und Instandsetzung kümmerten. Nach der Wende bröckelte dieses gut gespannte Händlernetz langsam auseinander, denn keine Baufirma wollte mit dieser Technik, die schon etwas in die Jahre gekommen war, weiterarbeiten. Jan hatte Glück, dass Vater gute Kontakte zu dem Leiter der ehemaligen BLS-Handels GbR Cossebaude (vormalig VEB Baumaschinen- und Ersatzteilhandel Cossebaude) hatte, der ihm bei den meisten Ersatzteilproblemen helfen konnte, denn viele Neuteile für die T-100 waren dort noch auf Lager. So konnte Jan seine Raupe mit Originalersatzteilen überholen. Einer der ersten Arbeitsschritte war der Abbau des Planierschildes und der „Nase“, so dass Jan ungehindert mit dem Abdichten und Erneuern der Dichtungen des D-108 Motors beginnen konnte. Man beachte die verkehrt montierte Kette, die den Raupenplattensteg in Fahrtrichtung hinten statt vorne hat

Der Zweite Schritt war die Instandsetzung und Erneuerung der Lenkkupplungen mit deren Bremsbändern, das Richten und Sandstrahlen der „Nase“ und Motorhaube mit anschließendem Grundieren und Vorlackieren

Das Gelände rund um den Stall des Bauernhofes, wo Jan seine Raupe eingestellt hatte, bekam einen neuen Zufahrtsweg, die Erdmassen mussten abgeschoben und verteilt werde. Dies war die erste größere Testfahrt für Ludmilla. Danach hatte Jan das Laufwerk überholt, er verwendete neue Laufrollen, Leitradführungen und Achsen und erneuerte den Spannmechanismus für die Kette, die er nun drehte. Als letzte Arbeitsgänge erfolgten das Richten des Fahrerhauses und das Lackieren der Raupe. Die gesamte Restauration dauerte etwa zwei Jahre mit unzähligen Arbeitsstunden

Dass Ludmilla noch lange nicht zum alten Eisen gehört, zeigte der Morgen des 31. Dezember 2001, als Jan nach starkem Schneefall im Erzgebirge und Minus 10° Celsius gebeten wurde, die Landstraße und einen Zufahrtsweg zum Hotel frei zu schieben. Durch die starken Schneeverwehungen von bis zu einem Meter war kein Durchkommen mit einem Radfahrzeug möglich, selbst die Örtlichen Räumdienste hatten große Mühe und blieben teilweise selber in den Schneemassen stecken

Einmal mit dem Virus T-100 angesteckt, gibt es so schnell keine Heilung. So kaufte Jan im Juni 2003 eine weitere T-100MGS (Ackerschlepper) Bj. 69, die er auf den Namen Olga taufte und die in einer Landwirtschaftlichen Produktions Genossenschaft (LPG) als umgebaute Planierraupe zum Einsatz kam. Im November gesellte sich noch eine weitere T-100M mit Seil betätigter Planiereinrichtung als Ersatzteilspender für Olga dazu

Im Herbst 2007 begann Jan mit der Restauration von Olga, die er in den Originalzustand eines Ackerschleppers mit Dreipunkt-Aufhängung zurückbaute. Vater regenerierte die beiden Laufwerksrahmen, baute neue Laufrollen und Leiträder mit neuen Achsen ein. Jan ersetzte die Lenkkupplung, demontierte die Kühlernase und kaufte sich eine hydraulische Dreipunkt-Aufhängung für die T-100MGS. Nach dem Anschleifen erfolgte das Grundieren und Endlackieren von Olga, die anschließend noch eine nagelneue Kette spendiert bekam

Faszination T-100. Früh übt sich, wer später einmal Raupenfahrer werden möchte. Das dachte sich auch der Kindergarten in Amtsberg OT Dittersdorf, in dem Jans Tochter Frances untergebracht ist. Nachdem Frances immer wieder voller Stolz erzählt hatte, das Papa eine Raupe namens „Ludmilla" habe, machte sich der ganze Kindergarten neugierig und gespannt auf den Weg zu dem alten Steinbruch im Dorf. Jan arbeitet gelegentlich und ehrenamtlich in seiner Freizeit mit der T-100 für die Gemeinde, die im Steinbruch eine Art Freilichtbühne baut, die in den Sommermonaten unterschiedlichsten Veranstaltungen Raum bietet. Wer Jan und seine Tscheljabinsker T-100 einmal bei der Arbeit sehen möchte, der sollte zu dem alljährlichen Bulldog Treffen im Herbst ins Erzgebirge nach Burkhardtsdorf fahren, wo er und Rolf die Raupen vorführen und erklären

Für die technische Beratung und Mithilfe bei diesem Artikel, der ohne Jans Fachwissen bei weitem nicht so detailliert ausgefallen wäre, möchte ich mich ganz herzlich bei ihm bedanken

Atelfond Krane und Bagger

von Ad Gevers und Toon Steenmeijer

Kurze Firmengeschichte

Atelfond wurde 1930 in Turnhout, Belgien, als Konstruktionswerkstatt und Gießerei gegründet. Daher auch Atelfond: Atel steht für Atelier (Werkstatt) und Fond für Fonderie (Gießerei). In den ersten Jahren wurden überwiegend Dampfkessel gebaut. Gleich nach dem Zweiten Weltkrieg begann der Bau von Kranen und Baggern. Die ersten Kranentwürfe stammten vom Niederländer Hovers aus Tilburg. Hovers war damals auch Aktionär bei Atelfond. Der Kranbau lief so gut an, dass bald drei Konstrukteure eingestellt wurden, um die weitere Entwicklung voranzutreiben. Zunächst wurde alles komplett im Haus konstruiert und produziert, da man in der eigenen Gießerei Zahnräder und vieles andere selbst anfertigen konnte. Später wurde die Gießerei geschlossen und Atelfond ließ fortan seine Gussteile bei Allard fertigen, einer Gießerei, die ebenfalls in Turnhout ansässig war.

Wie viele Maschinen bei Atelfond gebaut wurden, ist leider nicht mehr genau festzustellen, denn die gesamte Buchhaltung des alten Büros ging verloren. Ein ehemaliger Mitarbeiter erinnerte sich allerdings daran, dass in der Anfangsphase etwa fünf bis zehn Maschinen pro Jahr produziert worden waren. In der Blütezeit von 1953 bis 1955 verließ jede Woche ein Bagger das Werk.

Nach den verheerenden Überschwemmungen in den Niederlanden im Februar 1953 wurden dringend Schleppschaufelbagger benötigt, um alle Schäden in der Landschaft und an den Deichen zu beseitigen. Für den Verkauf der Atelfond Bagger in den Niederlanden war Hovers in Tilburg zuständig. Aus Hovers Akten geht hervor, dass er 17 Atelfond Bagger in den Niederlanden verkauft hat.

Atelfond baute nicht nur Schleppschaufelbagger, auch Tieflöffel, Hochlöffel und Greiferkrane. Krane wurden gebaut auf Raupenuntergestelle, auf Räder, auf

Hovers 380 aus den Vorkriegsjahren

Atelfond 45VB

Lkw und auf Schienenuntergestelle. Das eindruckvollste Produkt war ein Schleppschaufelbagger auf einem Schienenunterwagen. Diese Maschine arbeitete auf einem Kai, auf dem Binnenschiffe mit Steinschotter entladen wurden. Die Entladung erfolgte allerdings nicht durch den Bagger. Die Schiffe entluden sich selbst durch das Öffnen ihrer Böden, der Schotter fiel ins Wasser und wenn das Schiff den Entladeplatz wieder verlassen hatte, ging der Schleppschaufelbagger an die Arbeit und baggerte den Schotter aus dem Wasser heraus. Damit wurden Schiffe eingespart, denn sie brauchten nicht zu warten, bis der Bagger sie entleert hatte. Krane auf Schienenuntergestellen arbeiteten nicht nur in Häfen, sie kamen auch auf Bahnhöfen für Güter- und Containerumschlag zum Einsatz.

Die Atelfond Maschinen genossen einen guten Ruf und die Bagger- und Kranführer waren im Allgemeinen sehr zufrieden. Alle Maschinen waren normalerweise grün lackiert und trugen rote Zierlinien. Wenn ein Bagger oder ein Kran fertig war, wurde kontrolliert, ob alles perfekt arbeitete, auf ein Probebaggern wurde allerdings verzichtet. Für Reparaturen stand ein Monteur zur Verfügung, der die Einsatzorte mit seinem eigenen Pkw ansteuerte – den Luxus eines Werkstattwagens, wie er bei anderen Herstellern üblich war, leistete sich Atelfond nicht.

Atelfond 60B Kran, aufgebaut auf einem alten 6x6 US Army Diamond T

Dieser 45B mit neuem Oberwagen stand auf der Weltausstellung Expo 58 in Brüssel

Ein 60B wird auf dem Fabrikgelände ausprobiert

Modell 45 ,60, 45B, 60B

Das Modell 45 war identisch mit dem Modell 60, nur das Gewicht differierte. Der 60er war ein wenig schwerer, so dass er mit einem größeren Greifer oder bei Schleppschaufelbaggern mit größeren Schürfkübeln arbeiten konnte. Das Modell 45 war mit einem 450 Liter Schürfkübel und das Modell 60 mit einem 580 Liter fassenden Exemplar ausgerüstet. Das „B“ stand für „Band“, auf deutsch „Reifen“. Die mobilen Maschinen, also die 45B und 60B, waren nicht als Schleppschaufelbagger, sondern hauptsächlich als Greiferkran liefer-

Modell 40 als Greiferkran. Rechts: Schleppschaufelbagger Modell 60. Diese Fotos befanden sich in der Halle des Büros

Atelfond 45 als Hochlöffel. Diese Maschine hatte denselben Ausleger wie der Tieflöffel

Atelfond 45 Tieflöffel

bar. Sie wurden eingesetzt in den Häfen und entlang der Kanäle in ganz Belgien. Die Auslegerlänge betrug neun Meter in zwei Teilen, konnte aber vergrößert werden mit Zwischenstücken von bis zu 13 Meter. Der 45er war 3 Meter lang und der 60er 3,45 Meter. Die Breite des 45er Raupenunterwagens betrug 2,50 m und die des 60ers 2,80 m. Der 45 und der 45B hatten einen GM Zweizylindermotor mit 46 PS und der 60 und der 60B einen Dreizylinder GM mit 60 PS.

Modell 75, 100, 125

Bei den Modellen 75, 100 und 125 verhielt es sich wie bei den kleineren Typen: es gab eine Basismaschine, aus der mit verstärkten Konstruktionen ein größeres Modell gemacht wurde. So waren der 100er und der 125er eigentlich ein 75er, aber wegen der größeren Stabilität konnten sie mit 1000 Liter- oder 1250 Liter-Schürfkübeln arbeiten. Das Gesamtgewicht eines 125ers betrug rund 30 Tonnen.

Modell 28 und 28B

Dieses Modell war damals äußerst modern und richtungsweisend und Atelfond baute davon 30 Exemplare. Alle Teile des Windwerkes und des Fahrantriebs, der Wellen, der Zahnräder usw. waren öldicht gelagert, wodurch fast kein Verschleiß entstand. Beide Typen hatten eine hydraulische Bedienung und alle Bewegungen konnten dadurch zugleich ausgeführt werden. Der 28er stand auf acht Michelin Reifen, hatte einen 42 PS Dieselmotor und der neun Meter lange Ausleger arbeitete mit einem 450 Liter fassenden Greifer.

Dieser Atelfond Modell 60 mit Traktorenlaufwerk wird heute noch immer gebraucht, um Schiffe zu entladen

Modell 125 Hochlöffel, speziell für Steinbrüche

Links: Ein einmaliges Modell 125: Schleppschaufelbagger auf einem Schienenunterwagen. Die Binnenschiffe wurden entladen durch das Öffnen des Bodens. Wenn das Schiff seinen Entladeplatz wieder verlassen hatte, konnte die Maschine den Schotter ausbaggern. So gab es keine Wartezeit für die Schiffe

Modell 75 als Tieflöffel mit 750 Liter Kübel

Dieser Atelfond 100 hatte einen Spezialkübel für das Beladen von Binnenschiffen

Modell 125 Schleppschaufelbagger

Schleppschaufelbagger Modell 28

Modell 28R

Der 28R war, wie der 28B, auf einem Raupenunterwagen aufgebaut. Die Laufrollen im Unterwagen waren montiert, was man bei Atelfond „Boggies“ nannte. In einem Boggie waren zwei Unterrollen kombiniert mit einer Oberrolle, so wie bei den O&K Raupenbaggern. Damit hatte ein 28R zwei Laufrollen oben und vier unten. Alle Zahnräder und Kupplungen im Unterwagen waren öldicht untergebracht. Die Hydrauliksteuerung sorgte dafür, dass die Maschine bequem bedient werden konnte. Die Kabine war getrennt montiert von den mechanischen Teilen und vom Motor. Dank der großen Scheiben hatte der Baggerführer eine gute Sicht. Zentral im Oberwagen war ein öldichter Zahnradkasten angebracht. Die Zahnräder hatten so kaum Verschleiß und die Kupplungen waren gut zu erreichen, was die tägliche Pflege sehr erleichterte.

Die Hydrauliksteuerung bestand aus zwei langen Hebeln mit drei Ventilen darunter, um die Funktion z.B. umzuschalten nach dem Steuern des Fahrwerks. Rechts an der Kabinenwand waren zwei weitere lange Hebel zum Umschalten von Schwenken auf Fahren

Modell 28 als Tieflöffel

und für den Ausleger. Der Ausleger mit freiem Fall ist nicht einfach zu bedienen. Man muss sich erst daran gewöhnen und es dauert eine Weile, bis man den Ausleger sehr langsam absenken kann.

Modell 125R

Dieser Raupenbagger wurde entwickelt aus der Reihe 75, 100 und 125, wurde aber weitgehend modifiziert. So bekam er einen größeren Unterwagen und Voll-Luftsteuerung. Dem 125R wurde ein 1250 Liter fassender Schürfkübel angehängt oder ein 1100 bis 1500 Liter-Greifer. Der Motor war später ein DAF 515 Turbodiesel, aber frühe Modelle hatten einen luftgekühlten Deutz A8L714 Diesel mit 115 PS. Die Fahrgeschwindigkeit betrug 1,25 km/h. Der Ausleger hatte eine Länge von 12 Metern, war zweiteilig und konnte mit Zwischenstücken verlängert werden.

Dieser Ausleger arbeitete mit Greifer, Schürfkübel oder Haken. Es gab drei verschiedene Greifer: 1500 Liter für Kohle, 1250 Liter für Sand, Schotter usw. und 1100 Liter für Baggerarbeiten. Alle drei Greifer hatten

Atelfond 28B mit Greifer

abnehmbare Zähne aus Manganstahl. Der 125R Hochlöffel hatte einen 6,50 Meter Ausleger und wiederum 1250 Liter Kübelinhalt. Beim Tieflöffel betrug der Kübelinhalt lediglich 1000 Liter.

Wenn der Kunde es wünschte, konnte eine komplette Beleuchtung geliefert werden. Diese bestand aus zwei Scheinwerfern an der Front, ein Scheinwerfer im Ausleger, zwei Lampen in der Kabine und eine Handlampe mit zehn Meter Kabel. Die Kabine galt damals als sehr modern und hatte Schiebetüren. In der Kabine war eine Handpumpe angebracht, um Treibstoff in den Tank zu pumpen. Alle Steuerungsteile, Instrumente und Starter waren in einem Pult montiert. Die warme Luft vom Motor wurde durch einen Trichter im Dach abgelassen. Im Winter konnte die warme Luft in die Kabine geblasen werden und diente so als Heizung.

Modell 110B

Der 110B war eine 125R auf einem Unterwagen mit Rädern. Diese Maschine auf drei Achsen blieb ein Unikat. Sie ähnelte einem Mobilkran auf einem dreiachsigen Lkw ohne Kabine. Aus der belgischen Armee kam noch ein Auftrag für einen 110B, aber diese Maschine musste auf einen Lkw aufgebaut werden. Der Kran ist

Doppelbereifter 4x2 Unterwagen für den 28B

Ein 6,5-m-Ausleger und ein 1250-l-Kübel machten eine Hochleistungsmaschine aus diesem 125R

Der 110B in dieser Ausführung war ein Einzelgänger und wurde von einem Kohlebergwerk gekauft

noch immer bei der Armee im Einsatz und wird gebraucht, um Panzer zu heben. Der Dieselmotor leistet 85 PS, die Höchstgeschwindigkeit beträgt fünf km/h. Das Gewicht beläuft sich auf 32 Tonnen.

Hydrokran

In den sechziger Jahren wurde der Dollar billiger und damit die amerikanischen Maschinen preisgünstiger. Deshalb erwarben viele Bauunternehmen amerikanische Schleppschaufelbagger von American und Link-Belt. Dadurch wurde das Geschäft für die belgischen und holländischen Kran- und Baggerkonstrukteure schwieriger. Atelfonds Antwort auf die Krise war die Entwicklung eines vollhydraulischen Baggers. Alle Hyraulikteile sollten nicht von Zulieferern gekauft, sondern bei Atelfond selbst hergestellt werden. Daraus entstand ein auf Maß konstruierter Hydrokran. Es blieb allerdings bei einer Maschine und von einer zweiten wurde nur noch der Unterwagen fertig.

Es war eine merkwürdige Erfahrung, den 110B bei einem Schrotthändler wiederzufinden

Die belgische Armee lieferte den Unterwagen auf den Atelfond den 110B montierte

Rechts: Die moderne vollhydraulische Maschine, die später von einem Bauunternehmen für den Rammbetrieb eingesetzt wurde

Unten: Der zweite Unterwagen für einen vollhydraulischen Bagger. Diese Maschine wurde nie gebaut

Der Haupteingang des Atelfondwerkes in Turnhout

Einmalige Entdeckung

Bei Ad Gevers' letztem Besuch der ehemaligen Atelfond Werkshallen gab Herr Houtmeyer eine Führung. Begonnen wurde mit einem kleinen Zimmer für Nothilfe, in dem damals sogar eine Pflegerin tätig war. Bei den Drehbänken hing noch ein alter Vorrat an Ketten für Schürfkübel. Überhaupt sah alles so aus wie früher, als würden noch Bagger produziert. In einer Ecke stand der Unterwagen eines Hydraulikkrans, auf den ein neu zu entwicklender hydraulischer Bagger aufgebaut werden sollte. Aber Poclain war schneller.

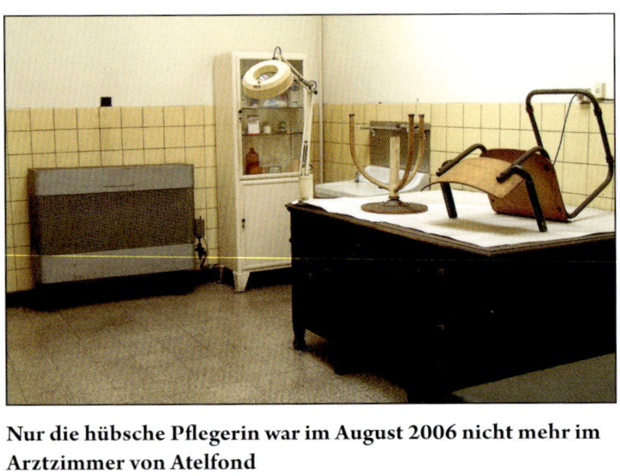

Nur die hübsche Pflegerin war im August 2006 nicht mehr im Arztzimmer von Atelfond

Dann hatte Herr Houtmeyer eine Überraschung im Programm. Er öffnete die Tür zur nächsten Werkshalle. Hier standen zwei orangefarbene nagelneue Krane, etwa 30 bis 35 Jahre alt, die niemals verkauft worden waren: Ein Atelfond 28R und ein Atelfond 125R, gut eingepackt in Plastikfolie. Doch da war noch mehr. Ein Mitarbeiter sagte, es seien noch große Werbefotos und Werksschilder am Lager.

Bei der Rückreise überlegte Ad, wie man diese beiden Maschinen erhalten könne, zumal Herr Houtmeyer erzählt hatte, dass sie in diesem Jahr verschrottet werden müssten, weil aus der Halle alles entfernt wer-

Stumme Zeugen eines interessanten Lebens: Ketten für Kübel

den sollte. Noch unterwegs rief Ad seinen Freund und Caterpillar-Sammler Gilbert Ploegmakers an. Der war sofort begeistert. Bereits am folgenden Morgen fuhren beide nach Turnhout und nach einigen Verhandlungen wurde man sich schnell über den Preis einig.

Am 10. August 2006, morgens um sieben Uhr, fuhren Toon Steenmeyer und Gilbert Ploegmakers mit Gilberts Mercedes Lkw mit Tieflader Richtung Turnhout. Beide waren nicht sehr optimistisch in Bezug auf die Funktionsfähigkeit der Bagger. Könnte man die Motoren nach 30 Jahren Stillstand einfach starten?

Würde die Luftsteuerung des 125R funktionieren? Beide hatten keine gute Erfahrungen mit Luftsteuerungen bei Schleppschaufelbaggern gemacht, die seit vielen Jahren nicht gearbeitet hatten. Ließen sich überhaupt die großen Werkstore noch öffnen? Weil ja auch die Werkshalle noch leergeräumt werden musste, um an die Bagger heranzukommen, hatten Toon und Gilbert einen Gabelstapler, eine Lore mit Batterien, Brennstoff und einen Werkzeugkasten dabei.

Mit Hilfe des Gabelstaplers konnten wir das große Werkstor ein wenig öffnen, genug um hineinzufahren. Dann fingen wir an, die Halle mit dem Gabelstapler aufzuräumen Das ging sehr gut, weil alles auf Paletten stand. Nach mehr als einer Stunde hatten wir den 28R frei geräumt. Dann wollten wir den luftgekühlten Dreizylindermotor von Deutz starten. Der Motor hatte Schmieröl, der Tank war voll und los ging es mit 12 Volt. Aber viel war nicht zu hören. Was tun? Mit der zweiten Batterie, nun anders geschaltet, also auf 24 Volt, wollte der Deutz gleich ohne weitere Probleme an die Arbeit. Heute startet er wieder ganz normal auf 12 Volt. Mit dem neun Meter Ausleger wollten wir nicht gerne auf die schmale Straße hinaus, um zum Tieflader hinter der Fabrik zu gelangen. Beidseitig der Straße standen viele Autos und es gab kaum Raum zum Manövrieren. Also wurde der Ausleger abmontiert, was mit dem Gabelstapler schnell vonstatten ging. Danach wurde der 28R in die Straße gefahren, nachdem das Tor mit Hilfe unseres Gabelstaplers, langen Hebeln und viel Mühe weiter geöffnet worden war. Der Gabelstapler wurde auch gebraucht, um den 28R Ausleger, den 125R Ausleger und einen Reserveausleger, somit den Schürfkübel des 125R, einen Bock und noch einige weitere Teile zum Tieflader zu transportieren.

In der Werkshalle befand sich auch noch ein alter elektrischer Portalkran unter dem Dach, und „wenn Sie den Schlüssel drehen, da im Schaltkasten, wird er sicher arbeiten“, sagte Herr Houtmeyer und weg war er. Der Portalkran hatte auch mindestens dreißig Jahre nichts mehr getan und war von Efeu umrankt. Aber er arbeitete tadellos und war eine enorme Hilfe, um die großen Teile zum Gabelstapler zu schaffen.

Man ist sprachlos, wenn man auf einmal völlig unerwartet so etwas altes aber unverbrauchtes zu Gesicht bekommt

Dieser mehr als 30 Jahre alte, aber nagelneue 125R hatte noch nie einen Ausleger gehabt

Alles alte Eisen musste mit einem Gabelstapler erst herausgefahren werden, bevor die Rettungsarbeiten anfangen konnten

Nach 35 Jahren zum ersten Mal wirklich in Bewegung. Hier auf der Straße vor der Atelfond-Fabrik

Der 125R zum ersten Mal in Bewegung in der Fabrikhalle – und das ohne Probleme

Mit dem 28R sicher auf dem Tieflader, wurde zurückgekehrt in die Werkshalle. Jetzt war der 125R an der Reihe. Wieder musste sehr viel Eisenschrott aufgeräumt werden, um einen Fahrweg zur Straße zu schaffen. Dann konnte der 125R gestartet werden. Auch hier kaum ein Resultat auf 12 Volt, aber mit 24 Volt sprang der DAF Sechszylinder sofort an. Die Luftsteuerung arbeitete ohne Probleme, und so konnte der 125R hinaus in den Sonnenschein gefahren werden.

Dann machten wir uns auf den Weg durch die enge Straße zum Tieflader und noch vor Beginn der rush hour fuhren wir den 28R zu seinem neuen Zuhause.

Atelfond Fabrikschild

Am nächsten Tag kehrte Gilbert zurück, um den 125R und den hydraulischen Unterwagen mit Traktorenlaufwerk abzuholen. Dazu brauchte er seinen größten Tieflader mit vier Achsen. Das Starten des 125R Motors machte keine Probleme und schon bald stand er auf dem Tieflader. Vom hydraulischen Unterwagen mussten die beiden Hydromotoren abgebaut werden.

Sehr langsam kam der 125R nach mehr als 30 Jahren hinaus auf die Straße

Auch das ging sehr schnell mit sieben Bolzen pro Motor. Mit Hilfe des Portalkrans konnte der Unterwagen hinten auf den Tieflader gesetzt werden. Gilbert war dazu rückwärts von der engen Straße mit den vielen Autos in die Halle hineingefahren. Das hatten die Atelfond-Mitarbeiter noch nie gesehen. Am Ende des Tages stand alles auf Gilberts Gelände.

Nach dieser Entdeckung hat Ad Gevers noch weitere Atelfonds gefunden. Es gibt noch einen 25R unweit von Turnhout und einen Mobilkran auf dreiachsigem Untergestell. Beide Maschinen sind äußerlich nicht in bestem Zustand. Der 25R wurde von einem Schrotthändler angeschafft und steht jetzt im Freien, teilweise unter Planen. Dem Mobilkran fehlt ein Rad – das Arbeiten hat er sich inzwischen abgewöhnt.

Der 28R bei der Ankunft in seiner neuen niederländischen Heimat

Zwei Titanen: der Mercedes Titan und der Atelfond Modell 125R

Die zwei geretteten Atelfond brüderlich nebeneinander

Das Windwerk des 28R ist in einem geschlossenen öldichten Kasten mit den Kabeltrommeln montiert

Der erst in 2006 komplettierte Atelfond 125R ist jetzt nach mehr als 30 Jahren zum ersten Mal wirklich einsatzbereit

Glücklicherweise wurde auch ein Modell 45 aufbewahrt. Der Sammler hat viel Arbeit zu leisten, bevor die Maschine fertig ist

Der 125R in Gilbert Ploegmakers Garten. Die Maschine arbeitete ohne Probleme und wurde bald nach Rumänien verkauft

Die Reise nach Rumänien beginnt. Die Maschine wird hier in ein ukrainisches Binnenschiff verladen

Weitere Bücher unseres Verlages

Fordern Sie unser Gesamtverzeichnis an mit Büchern über **Autos**, **Motorräder**, **Lastwagen**, **Traktoren**, **Feuerwehrfahrzeuge**, **Baumaschinen** und **Lokomotiven**:

Verlag Podszun Motorbücher GmbH
Elisabethstraße 23-25, 59929 Brilon
Telefon 02961-53213, Fax 02961-9639900
Email info@podszun-verlag.de
www.podszun-verlag.de

Bagger, Dampf- und Mobilkrane, Rammen, Stationäre Krananlagen, Gittermast-Autokrane

350 Seiten, 1050 Abbildungen
28 x 21 cm, fester Einband
Bestellnummer **421** EUR **49,90**

Teleskop-Autokrane, Feuerwehrkrane, Hafenmobilkrane, Spezialkrane, Sondergeräte u.a.

350 Seiten, 1025 Abbildungen
28 x 21 cm, fester Einband
Bestellnummer **422** EUR **49,90**

Umfassende Chronik aller deutschen Bagger von Alfawerk bis Zeppelin.

240 Seiten, 600 Abbildungen
28 x 21 cm, fester Einband
Bestellnummer **282** EUR **29,90**

Standardwerk und faszinierender Bildband für alle Liebhaber von Baumaschinen.

170 Seiten, 510 Abbildungen
28 x 21 cm, fester Einband
Bestellnummer **492** EUR **29,90**

Komplette Chronik: Vom ersten Hochlöffelbagger bis zu den gewaltigen Hydraulikbaggern.

176 Seiten, 415 Abbildungen
28 x 21 cm, fester Einband
Bestellnummer **350** EUR **29,90**

Die Baumaschinen- und Fahrzeuggeschichte dieser populären Hersteller aus Schweden.

160 Seiten, 425 Abbildungen
28 x 21 cm, fester Einband
Bestellnummer **330** EUR **29,90**

Faszinierende Baumaschinen von Caterpillar im Einsatz rund um den Globus.

288 Seiten, 710 Abbildungen
28 x 21 cm, fester Einband
Bestellnummer **247** EUR **34,90**

Das D9 Buch mit allen Daten, Typen, Zeichnungen und vielen unveröffentlichten Bildern.

200 Seiten, 380 Abbildungen
28 x 21 cm, fester Einband
Bestellnummer **290** EUR **34,90**

Chronik der Bölling Firmen von 1926 bis in die achtziger Jahre mit allen Fahrzeugen.

160 Seiten, 480 Abbildungen
28 x 21 cm, fester Einband
Bestellnummer **497** EUR **29,90**

35 Originalprospekte mit unzähligen Abbildungen, techn. Daten und Einsatzbeispielen.

144 Seiten, viele Abbildungen
29 x 21 cm, fester Einband
Bestellnummer **277** EUR **19,90**

Ruston-Bucyrus, Poclain-Hydraulikbagger, Großkrane, 50 Jahre Bauma u.a.

144 Seiten, 281 Abbildungen
17 x 24 cm, Leinenbroschur
Bestellnummer **365** EUR **14,90**

Gummiraupenlader, Mehrkübelscraper, MBA Schleppschaufelbagger u.a.

144 Seiten, 270 Abbildungen
17 x 24 cm, Leinenbroschur
Bestellnummer **398** EUR **14,90**

Schreitwerke und -bagger, Liebherr-Bagger, Dreirädrige Baumaschinen u.a.

144 Seiten, viele Abbildungen
17 x 24 cm, Leinenbroschur
Bestellnummer **428** EUR **14,90**

Ahlmann, Zweiwegebagger, Abbruchspezialisten, Ruthemeyer-Dampfwalzen u.a.

144 Seiten, viele Abbildungen
17 x 24 cm, Leinenbroschur
Bestellnummer **463** EUR **14,90**

Arbeitsschritte des Tagebaus und die jeweiligen Großgeräte und Baumaschinen.

208 Seiten, 510 Abbildungen
28 x 21 cm, fester Einband
Bestellnummer **357** EUR **34,90**

Die legendären Seilbagger von O&K anhand von 32 seltenen Original-Prospekten.

144 Seiten, viele Abbildungen
29 x 21 cm, fester Einband
Bestellnummer **273** EUR **19,90**

Gewaltige Autokrane aus den eigenen Werkstätten kennzeichnen die Geschichte der Firma.

170 Seiten, 450 Abbildungen
29 x 21 cm, fester Einband
Bestellnummer **534** EUR **29,90**

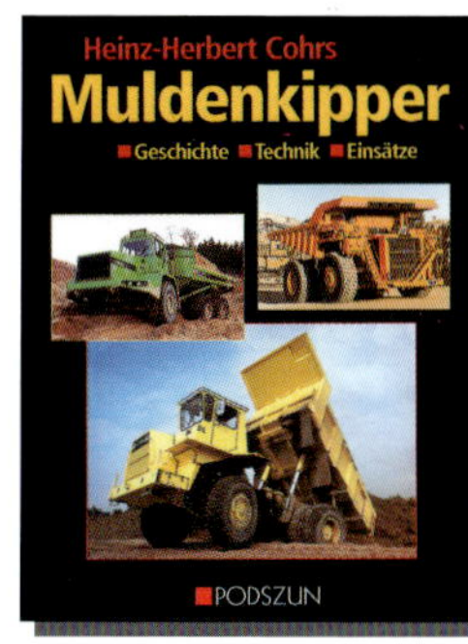

Umfassende Chronik, Technik und die Geschichte der Muldenkipper mit seltenen Fotos.

192 Seiten, 405 Abbildungen
28 x 21 cm, fester Einband
Bestellnummer **327** EUR **34,90**

Die Teleskop- und Gittermastkrane von Terex-Demag mit ihren enormen Hubleistungen.

144 Seiten, 410 Abbildungen
28 x 21 cm, fester Einband
Bestellnummer **513** EUR **24,90**

Allrad- und Kettenfahrzeuge, die sich durch stärkste Hindernisse fortbewegen.

144 Seiten, 290 Abbildungen
28 x 21 cm, fester Einband
Bestellnummer **408** EUR **24,90**

Der Unimog im Baueinsatz und seine Ausrüstungen von den Anfängen bis heute.

180 Seiten, 470 Abbildungen
28 x 21 cm, fester Einband
Bestellnummer **390** EUR **29,90**

Spannende Fotos von spektakulären Einsätzen mit allen relevanten technischen Daten.

170 Seiten, 420 Abbildungen
28 x 21 cm, fester Einband
Bestellnummer **495** EUR **29,90**

KOMATSU